FACULTÉS CATHOLIQUES DE

ÉCOLE

DES

HAUTES ÉTUDES INDUSTRIELLES

BUT

ORGANISATION DE L'ÉCOLE

ET PROGRAMME DES COURS

UNIVERSITAS CATHOLICA INSULENSIS

LILLE

IMPRIMERIE DE J. LEFORT

1891

ÉCOLE

DES

HAUTES ÉTUDES INDUSTRIELLES

FACULTÉS CATHOLIQUES DE LILLE

ÉCOLE

DES

HAUTES ÉTUDES INDUSTRIELLES

BUT

ORGANISATION DE L'ÉCOLE

ET PROGRAMME DES COURS

LILLE

IMPRIMERIE DE J. LEFORT

1891

PRÉFACE

L'École des hautes études industrielles annexée aux Facultés catholiques de Lille est le complément de ce grand Institut universitaire. Elle peut en devenir une des premières forces.

Elle peut, de plus et surtout, devenir pour la France entière le centre de la plus désirable des transformations dans la conception, la préparation et l'exercice de la mission des chefs d'industrie de l'avenir.

C'est en effet aux futurs patrons et directeurs d'établissements industriels que s'adresse l'enseignement de notre École de hautes études. Elle pourrait s'intituler : **École normale des patrons, mais des patrons chrétiens.**

Telle est la fin à laquelle tout se subordonne dans le programme d'instruction et d'éducation que nous présentons aujourd'hui au public.

Ainsi sans doute tout d'abord notre École pourvoit largement à l'*Instruction* complète de ses élèves; mais elle ne se contente pas de les munir des connaissances scientifiques et techniques qui suffisent ailleurs. Elle leur donne en même temps les connaissances juridiques, historiques, géogra-

phiques, littéraires et autres, qui, superposant
l'homme distingué et cultivé au praticien instruit,
assurent à ces futurs maîtres la supériorité qu'on
est en droit d'attendre des classes dirigeantes.

Voilà pourquoi aux cours de mathématiques,
de géométrie descriptive, de mécanique, de physique, de chimie industrielle et organique, de
commerce, de dessin et de technologie, se joignent
dans notre programme des leçons de droit civil,
de droit constitutionnel et administratif, de droit
commercial, de géographie commerciale, d'histoire
du travail, de langues étrangères et de rédaction
française, destinées à placer les jeunes hommes
qui les suivront à la hauteur de leur position future,
quelle qu'elle soit.

Dans cette même vue, notre École pourvoit à
l'*Éducation* professionnelle et chrétienne de ceux qui
doivent prendre rang parmi les autorités sociales
du pays, et y promouvoir le règne de la vérité,
avec celui de la justice et de la paix.

Des cours d'apologétique et de démonstration
religieuse, des cours d'économie politique, des
cours d'hygiène industrielle, la visite hebdomadaire
des grandes usines et fabriques de la région, la visite
annuelle des plus remarquables centres d'industrie
de la France et de l'étranger, la participation aux
œuvres et associations catholiques de la ville de Lille,
posent devant nos étudiants toutes les questions
de l'heure présente, et leur en mettent la solution
pratique sous les yeux.

Depuis sa fondation qui remonte à six années,
l'École n'a cessé de croître. Elle a doublé, l'année
dernière, le nombre de ses élèves. Elle ne se

recrute pas seulement dans la région du Nord, mais c'est le pays tout entier qui commence à être représenté dans ses rangs.

La direction de l'École est confiée à M. le colonel ARNOULD, ancien élève de l'École polytechnique, qui est pour notre jeunesse un maître d'un mérite éprouvé, un guide expérimenté et un constant ami.

L'enseignement est donné, outre les leçons du Directeur, par Messieurs les doyens et professeurs de nos Facultés, docteurs ès sciences, docteurs en droit, docteurs ès lettres. Ainsi font-ils participer les élèves de l'École à tous les avantages comme à l'honneur d'appartenir à l'Université catholique de Lille.

Le programme, tel qu'on va le lire, a déjà reçu la consécration de l'expérience. Il n'est que l'exposé historique et exact, leçon par leçon, de ce qui s'est fait hier, de ce qui se fait aujourd'hui, et de ce qui se fera demain. Il ne sera modifié que pour être encore enrichi et amélioré, s'il y a lieu.

Des manipulations, des interrogations, des compositions écrites, des examens, des concours, un classement annuel stimulent l'ardeur des élèves, et les préparent à un décisif examen de sortie.

Il leur est alors conféré, selon leur temps de scolarité et la valeur de l'épreuve finale, ou un diplôme de bonnes études ou un brevet d'Ingénieur des Facultés catholiques, revêtu de la signature des premières autorités académiques et scientifiques de notre Institut, avec celle des premières notabilités industrielles de la région.

Mais ce qui vaut mieux encore, l'Élève qui sortira de là, muni de toutes ces connaissances et pénétré de ces leçons, n'aura plus qu'à passer par l'École d'application, qui sera le plus souvent l'usine paternelle, pour fournir à la société un chef d'industrie chrétien, instruit de ses devoirs et de ses droits, respectueux du droit des autres parce qu'il le sera premièrement du droit de Dieu, sachant pareillement commander le travail et diriger les hommes, et préparant à l'industrie, autant qu'il est en lui, une prospérité plus sûre avec des jours plus tranquilles.

Que Dieu daigne donc nous continuer la confiance des familles! Est-il nécessaire de proclamer qu'il est le premier Maître ici? L'enseignement, les mœurs, l'esprit, la conduite, la discipline, tout relève de lui dans notre religieuse École. Elle a pour patron Saint-Michel, l'archange qui veut que Dieu règne et soit au-dessus de tout : *Quis ut Deus?* C'est également notre devise.

L. BAUNARD

RECTEUR DES FACULTÉS CATHOLIQUES DE LILLE

ORGANISATION DE L'ÉCOLE

But de l'École. — L'École des hautes études destinée aux futurs chefs d'industrie a été ouverte à Lille le 12 novembre 1885. Elle est annexée aux Facultés de l'Université catholique de Lille. L'organisation de ces Facultés, leur personnel enseignant, leurs collections et leurs laboratoires d'une part, de l'autre la bonne entente des étudiants, la discipline qui règne parmi eux et l'esprit religieux qui les anime, sont autant de moyens d'action qui doivent assurer la confiance des familles.

L'École forme donc des *patrons chrétiens;* elle veut donner à l'industrie des chefs instruits, laborieux, pénétrés du devoir social qu'ils ont à remplir, dévoués au personnel qui coopère à leurs travaux, capables d'exercer dans la vie publique les fonctions dirigeantes que leur impose leur situation.

Elle enseigne l'organisme du travail manufacturier; elle prépare les jeunes gens aux industries diverses, mais sans les retenir sur les détails qui rentrent dans les spécialités, laissant à l'atelier paternel le rôle d'École *d'application* et le soin de donner à chacun la *pratique* de sa profession particulière.

Maisons de famille. — Les élèves sont soumis à un règlement disciplinaire.

Sauf certaines exceptions qui peuvent être prononcées par décision du Recteur sur la demande écrite des parents ou tuteurs, ceux qui n'habitent pas chez leurs proches parents doivent fixer leur résidence dans une des maisons de famille de l'Université, dirigée par un prêtre des Facultés catholiques.

Rétribution. — La rétribution annuelle est fixée à 800 francs pour les frais d'études et de travaux pratiques.

Le prix de la pension dans les diverses maisons de famille varie de 1,000 à 1,200 francs.

Durée des études. — La durée normale des études est de deux années. Mais une troisième année, consacrée à des travaux scientifiques complémentaires, est instituée pour les élèves qui sollicitent le brevet d'Ingénieur des Facultés catholiques.

Conditions d'admission. — Les sujets pourvus du diplôme de bachelier ès sciences ou ès arts sont reçus sans examen à l'École Saint-Michel, sous la réserve des garanties de moralité exigées pour l'admission dans les Facultés catholiques.

Mais, pour ne pas priver du bénéfice de cette institution les familles qui n'auraient pas cru devoir donner ces diplômes comme objectif aux études de leurs enfants, les candidats qui n'en sont pas pourvus sont admis, après avoir satisfait, devant une commission, à un examen sur les matières désignées plus loin.

On doit remarquer que ces conditions demandées pour l'admission sont à la portée des familles aisées auxquelles nous faisons appel, et qui ont eu toutes les ressources nécessaires pour donner à leurs enfants l'éducation scolaire ordinaire. Elles sont d'ailleurs indispensables pour maintenir l'enseignement à la hauteur voulue.

Année préparatoire. — Enfin, il est institué un enseignement préparatoire d'une année pour les candidats qui ne se trouveraient pas dans les conditions demandées ci-dessus pour l'admission à l'École industrielle.

Cet enseignement est commun aux candidats à l'École des hautes études industrielles et à ceux qui se destinent à l'École des hautes études agricoles. On établit ainsi entre les deux écoles un lien très désirable en vue de l'union nécessaire entre des jeunes gens appelés à jouer un rôle analogue dans la société.

Cette préparation est d'ailleurs inévitable pour les jeunes gens qui se sont attachés, dans l'enseignement secondaire, aux études littéraires en vue du baccalauréat ès lettres et qui, par conséquent, ne sont pas assez initiés aux matières scientifiques pour suivre les cours techniques.

Les candidats sont admis à suivre les cours de cette année préparatoire moyennant les garanties de moralité exigées pour l'entrée à l'École industrielle.

Ceux qui sont pourvus du diplôme de bachelier ès lettres (la 1re partie est suffisante) sont acceptés sans examen; les autres doivent satisfaire à des épreuves portant sur les matières suivantes :

EXAMEN D'ADMISSION AU COURS DE L'ANNÉE PRÉPARATOIRE

(Pour les Candidats non pourvus du diplôme de Bachelier ès lettres, 1re Partie.)

Épreuves écrites. — Une composition littéraire sur un sujet historique.

Épreuves orales. — Étude des principaux auteurs français.

Questions sur l'histoire de France et la géographie.

Questions sur l'arithmétique, l'algèbre et la géométrie (Programme des classes de secondes et de rhétoriques).

EXAMEN D'ENTRÉE A L'ÉCOLE DES HAUTES ÉTUDES INDUSTRIELLES

(Pour les Candidats non pourvus du diplôme de Bachelier ès sciences ou ès arts.)

NOTA. — Les candidats pourvus du diplôme de bachelier ès lettres (1re partie) seront exempts des épreuves littéraires.

Épreuves écrites. — Une composition littéraire sur un sujet historique.

Une composition sur des sujets de mathématique et de physique pris dans le programme du baccalauréat ès sciences.

Épreuves orales. — Étude des principaux auteurs français.

Questions sur l'histoire de France et sur la géographie.

Arithmétique : les quatre règles, la racine carrée et les rapports.

Algèbre : équations du 1er et du 2e degré; maxima et minima.

Géométrie élémentaire : la ligne droite, le cercle, le plan, la sphère, les surfaces cylindriques et coniques.

Trigonométrie rectiligne.

Géométrie descriptive : la ligne droite et le plan.

Physique : la chaleur, la lumière, l'acoustique et l'électricité (programme du baccalauréat ès sciences).

Chimie : nomenclature. — Métalloïdes, métaux et leurs composés.

Langues étrangères (anglais ou allemand).

Demandes d'admission. — Les demandes d'admission doivent être adressées au secrétariat des Facultés catholiques, boulevard Vauban, 56, à Lille.

Dates des examens. — Les candidats ayant à subir des examens doivent se présenter au Secrétariat le 3 Novembre.

Date de la rentrée. — La rentrée est fixée au 3 Novembre de chaque année.

Les élèves admis devront se présenter avant cette époque au Vice-Recteur des Facultés catholiques, ainsi qu'au Directeur de l'École.

CONSEIL DE PERFECTIONNEMENT :

Monseigneur BAUNARD, Recteur des Facultés Catholiques, Président.

MM. ANDRÉ (H.), maître de forges, à Cousances-aux-Forges (Meuse).

CORDONNIER (L.), industriel à Roubaix (Nord).

DESCOTTES, inspecteur général des Mines.

DUTILLEUL, industriel à Armentières (Nord).

FERON-VRAU, industriel à Lille.

FLIPO (Ch.), industriel à Tourcoing (Nord).

HARMEL (Léon), industriel au Val-des-Bois (Marne).

MOTTE (G.), industriel à Roubaix (Nord).

MOTTE-BERNARD (J.), industr. à Tourcoing (Nord).

PÉRIN (Ch.), membre correspondant de l'Institut.

PROUVOST (A.), industriel à Roubaix (Nord).

DIRECTEUR :

Le Colonel ARNOULD, ancien élève de l'École polytechnique.

PERSONNEL ENSEIGNANT :

Le R. P. FRISTOT, S. J., professeur de morale religieuse.

MM. ARNOULD, directeur, professeur de technologie industrielle.

VILLIÉ, ingénieur au corps des mines, ancien élève de l'École polytechnique, doyen de la Faculté catholique des sciences, docteur ès sciences.

WITZ, ingénieur des arts et manufactures, professeur à la Faculté catholique des sciences, docteur ès sciences.

(Abbé) STOFFAES, licencié ès sciences mathématiques.

LENOBLE, licencié ès sciences, professeur de chimie industrielle.

CANET, professeur à la Faculté des lettres, docteur ès lettres.

BÉCHAUX, professeur d'économie sociale, docteur en droit.

SELOSSE, professeur de géographie commerciale, docteur en droit.

GROUSSAU, professeur de droit, docteur en droit.

Dr BERNARD, professeur à la Faculté de médecine, professeur d'hygiène industrielle.

(Ch.) MAURICE, docteur ès sciences, professeur de sciences naturelles appliquées à l'industrie.

VILAIN, architecte, ancien élève de l'École Saint-Luc, professeur de dessin industriel.

CROMBECQ, courtier assermenté, professeur de commerce à l'Institut Saint-Ignace d'Anvers.

VAN BECELAERE, professeur de langues.

En outre, des chefs de travaux pratiques de chimie, de filature et de tissage, etc.

PROGRAMME DES COURS

ANNÉE PRÉPARATOIRE

Instruction religieuse.
Arithmétique.
Algèbre.
Géométrie.
Trigonométrie.
Géométrie descriptive.
Cosmographie.
Physique.
Chimie.

conformément au programme du baccalauréat ès sciences.

Manipulations de physique et de chimie.
Applications trigonométriques.
Dessin linéaire.
Indications sur les courbes usuelles et sur la mécanique.
Langues étrangères (Anglais et Allemand).
Exercices littéraires.

PREMIÈRE ANNÉE

(de compléments scientifiques.)

Morale religieuse et droit naturel.
Compléments de géométrie et d'algèbre.
Géométrie analytique et éléments d'analyse.
Compléments de géométrie descriptive avec application au dessin. —
  Perspective et ombres.
Technologie : (tissage, construction, teinture).
Littérature.
Physique industrielle.
Chimie industrielle, étude des matières premières.
Commerce et Comptabilité.
Éléments de Droit civil.
Économie sociale.
Géographie commerciale.
Langues étrangères (Anglais et Allemand).
Dessin industriel.
Exercices pratiques de physique et de chimie.

DEUXIÈME ANNÉE

(J'applications techniques et industrielles.)

Morale religieuse et droit naturel.

Mécanique et machines.

Cours spécial d'électricité et de machines à feu.

Chimie industrielle.

Technologie : (Filature et études diverses pouvant varier chaque année suivant les branches de l'industrie auxquelles les élèves se destinent.)

Histoire naturelle appliquée à l'industrie.

Hygiène industrielle.

Calcul commercial.

Droit public et administratif.

Droit commercial et industriel.

Langues étrangères.

Dessin industriel.

Exercices pratiques de physique et de chimie.

Participation à l'association des Patrons chrétiens.

TROISIÈME ANNÉE

(spéciale aux candidats Ingénieurs.)

Compléments d'analyse.

Mécanique rationnelle.

Résistance des matériaux.

Géologie.

Travaux publics (chemin de fer, etc.).

Constructions métalliques.

Levés et projets d'usine.

Devis industriels.

Topographie et levé de terrain.

Chimie industrielle et analytique.

Dessin industriel.

A la fin de chaque année, voyage d'instruction accompli suivant des programmes déterminés et donnant lieu à des mémoires.

Dans le cours de l'année on visite chaque semaine sous la conduite des professeurs un certain nombre d'établissements industriels.

MORALE RELIGIEUSE & DROIT NATUREL

(Cours commun aux élèves des deux années d'études industrielles et réparti sur les deux années.)

Le R. P. FRISTOT, professeur.   80 leçons.

1re Leçon. — Objet et matière du cours. Méthode.

2e Leçon. — Existence de l'idée de devoir. Ses caractères; sa réalité objective. Réfutation des sceptiques qui en attribuent l'origine à l'éducation ou à l'imagination.

3e Leçon. — Définition de l'obligation; ses éléments. Relation entre l'obligation et la fin dernière. Constitution de l'obligation morale, et déduction des différentes catégories de devoirs.

4e Leçon. — Question de la béatitude. Conditions de la félicité humaine. Solution du problème dans le christianisme et en dehors du christianisme.

5e Leçon. — Notion de la liberté. Existence, essence, mécanisme de la liberté morale. Théories qui tentent d'amoindrir ou de supprimer la responsabilité.

6e Leçon. — La liberté du mal chez l'individu et dans la société. Liberté de conscience. Liberté de la presse. Tolérance civile.

7e Leçon. — Synthèse des lois. Loi éternelle. Loi naturelle.

8e Leçon. — Confirmation de la loi naturelle par la loi mosaïque. Le Décalogue, code moral le plus parfait et le plus complet. Influence de l'observation ou de la violation du Décalogue sur la prospérité sociale.

9ᵉ Leçon. — La loi du repos dominical essentielle à l'économie du monde, confirmée par les lois physiologiques. Le repos dominical au point de vue moral. Législations étrangères. Chemins de fer, postes, télégraphes, usines à feux continus.

10ᵉ Leçon. — Perfectionnements nouveaux apportés à la loi naturelle par la loi évangélique. Droit des gens. L'esclavage au point de vue du droit naturel. L'esclavage antique ; doctrine philosophique, droit public, mœurs et faits. Conséquences morales et économiques. Transformation des idées, du droit et des mœurs, à l'égard de l'esclavage par l'action du christianisme.

11ᵉ Leçon. — La loi naturelle dans la guerre, révélée par l'Église. La guerre pour les idées et pour la défense de la civilisation. Les Croisades au point de vue de l'idée. La Paix et la trêve de Dieu.

12ᵉ Leçon. — Droit de la chrétienté. Sa destruction dans les temps modernes. Tendance au rétablissement de l'arbitrage pontifical. Impuissance du libéralisme rationaliste.

13ᵉ Leçon. — Pouvoir législatif de l'Église. Pouvoir de faire et de promulguer des lois. Prétentions des Césariens. Réfutation du Placet et des Articles organiques.

14ᵉ Leçon. — Loi humaine ; conditions. Loi écrite. Coutume ; son établissement. Cessation de l'obligation de la loi.

15ᵉ Leçon. — La conscience. Le probabilisme. La casuistique.

16ᵉ Leçon. — La famille, société primordiale. Le mariage, base nécessaire de la famille ; son unité et son indissolubilité. Son caractère essentiellement religieux. La loi de la fécondité et la loi du travail dans la famille.

17ᵉ Leçon. — L'autorité dans la famille. L'autorité paternelle, son étendue, ses limites. L'éducation : devoirs et droits de la famille. Incompétence de l'État, son rôle d'auxiliaire de la famille. Direction de l'Église à l'égard de l'enseignement à tous les degrés.

18ᵉ Leçon. — Trois secours apportés à la famille par

l'Église : Sacrement de Mariage, Sacrement de Baptême, Sacrement des mourants. Funérailles et sépulture chrétiennes.

19ᵉ Leçon. — Efforts de la Franc-Maçonnerie pour déchristianiser la famille, par le mariage civil qui ouvre la porte au divorce, par la prétention de remettre le choix d'une religion à l'âge viril, par la propagation de l'engagement solidaire. Tyrannie à l'égard des malades reçus dans les hôpitaux.

20ᵉ Leçon. — Profanation de la mort par les funérailles civiles, par la sécularisation des cimetières et par la crémation des cadavres.

21ᵉ Leçon. — La famille appelle la propriété. Racines du droit de propriété dans l'obligation de tendre à la fin dernière. Délégation du domaine divin qui établit le domaine négatif de l'homme. Passage de ce domaine abstrait au domaine concret et privatif par l'appropriation. J.-J. Rousseau et le communisme.

22ᵉ Leçon. — Constitution de la propriété par l'occupation. Caractères du droit de tester et d'hériter.

23ᵉ Leçon. — La loi de charité corrigeant l'inégalité des conditions par rapport à la propriété. Cette loi entrevue par Aristote, énoncée par l'Évangile, réalisée par les institutions ecclésiastiques.

24ᵉ Leçon. — Insuffisance de l'assistance civile à remplacer la charité chrétienne. La suppression de l'idée, du personnel et du budget volontaire de la charité chrétienne ouvre la porte au socialisme.

25ᵉ Leçon. — Auxiliaires de la famille; légitimité de leur collaboration; formes diverses qu'elle revêt. Substitution de la domesticité chrétienne à l'esclavage antique. Devoirs réciproques des maîtres et des serviteurs.

26ᵉ Leçon. — Passage de la famille et de la tribu patriarcale à la cité et à l'État complet. Nature et éléments de la souveraineté qui fait son apparition dans l'État complet.

27ᵉ Leçon. — Origine historique des sociétés. Source

de la souveraineté. Théorie du contrat social. Sa réfutation.

28ᵉ Leçon. — Suffrage universel incapable d'engendrer l'autorité; sa conséquence extrême, le mandat impératif. Véritable source de l'autorité civile en Dieu qui est son auteur immédiat.

29ᵉ Leçon. — Les deux systèmes catholiques sur le mode de collation du pouvoir. La thèse de l'amissibilité du pouvoir et du tyrannicide. Le pouvoir de fait.

30ᵉ Leçon. — Rapports de l'État avec les sociétés subordonnées. Existence légitime des sociétés naturelles, volontaires et obligatoires.

31ᵉ Leçon. — Action réciproque de la famille sur l'État et de l'État sur la famille. Limites de l'intervention de l'État. Notion révolutionnaire des relations de l'État avec la famille; mariage civil et régime successoral.

32ᵉ Leçon. — Associations volontaires. Droit d'association. Devoirs et droits de l'État. Illégimité des sociétés secrètes au point de vue civil et au point de vue canonique. La Franc-Maçonnerie. Condamnations pontificales.

33ᵉ Leçon. — Associations obligatoires. Translation de la souveraineté politique par le droit de guerre. Occupation des pays non constitués politiquement. Droit de l'époque des grandes découvertes. Droit récent. Affaire des Carolines.

34ᵉ Leçon. — L'Église ne peut être rangée au nombre des sociétés subordonnées; elle est la société nécessaire absolument, tandis que les sociétés politiques ne le sont qu'hypothétiquement. Réfutation des systèmes protestant, schismatique, national, libéral.

35ᵉ Leçon. — Nécessité des rapports entre l'Église et l'État. Bulle *Unam sanctam*. Réfutation du libéralisme *absolu*. Exposition du libéralisme *modéré*. Réfutation du libéralisme *modéré* et du libéralisme *catholique*. La thèse et l'hypothèse.

36ᵉ Leçon. — Conception catholique. Esquisse de la constitution chrétienne des États dans l'Encyclique *Immortale Dei*.

37ᵉ Leçon. — L'harmonie sociale plus étendue que la

paix sociale. Les trois sociétés domestique, politique et religieuse. Développement libre de chacune d'elles. Harmonie des trois sociétés dans la poursuite de leur but commun : aider l'individu à atteindre sa fin dernière surnaturelle.

38e Leçon. — Impossibilité d'établir l'harmonie sociale sur la base du *Contrat social*. Exposition et réfutation de J.-J. Rousseau.

39e Leçon. — La théorie évolutionniste en sociologie. Exposition et réfutation de Herbert Spencer.

40e Leçon. — Faux dogmes opposés à l'harmonie sociale : 1re erreur, la prétendue rectitude originelle, proclamée par J.-J. Rousseau et enseignée par la Franc-Maçonnerie. Conséquences sociales. Réfutation.

41e Leçon. — 2e erreur : le Naturalisme, son essence, ses divisions : politique, philosophique. Réfutation de ce dernier.

42e Leçon. — Conséquences antisociales du naturalisme politique. Obscurcissement de l'idée du droit et destruction de son fondement. Substitution de la force au droit. Gouvernement par l'opinion publique. Justification nécessaire du fait accompli.

43e Leçon. — 3e erreur : la Souveraineté du peuple, fondement historiquement et philosophiquement faux.

44e Leçon. — Le principe de la Souveraineté populaire, inapplicable même aux démocraties. Source de despotisme et d'anarchie.

45e Leçon. — 4e erreur : l'utopie au sujet de la réalisation du bonheur ici-bas. Principes sur la béatitude parfaite et imparfaite. Conditions de celle-ci. Influence du christianisme sur sa réalisation. Classification des erreurs relatives à la réalisation de la béatitude ici-bas.

46e Leçon. — 1re Classe, Théories mystiques : Nouveau christianisme; Saint-Simon et ses doctrines. Son école. Réfutation du système Saint-Simonien.

47e Leçon. — Théorie de la perfectibilité. Bossuet, Vico,

Herder. Le Christianisme et les intérêts matériels. Les inégalités sociales. Système de Fourrier. Attraction passionnelle. Le Phalanstère.

48ᵉ Leçon. — 2ᵉ Classe : Économie rationaliste impuissante à procurer à l'homme la béatitude complète ici-bas, obstacle à la réalisation du bonheur modéré chez les masses. Pauvreté et misère.

49ᵉ Leçon. — 3ᵉ Classe, Socialisme : Causes morales du socialisme. Origines historiques. Les utopies anciennes. Le socialisme au XVIIIᵉ siècle. Origines du socialisme contemporain.

50ᵉ Leçon. — Les programmes socialistes. Les écoles socialistes : mutuellistes, collectivistes, fédéralistes. But chimérique. Projets irréalisables chez toutes les écoles.

51ᵉ Leçon. — Socialisme d'État, son principe de l'interventionisme, de Montesquieu à nos jours. Fausse notion des attributions de l'État chez les socialistes d'État. Son incompétence en matière de distribution des richesses. Étendue des limites de son pouvoir de police à l'égard du régime ouvrier.

52ᵉ Leçon. — Questions des salaires, des heures de travail, de l'assurance contre les risques professionnels. Conclusion : Impuissance du socialisme d'État à conjurer le péril du socialisme ouvrier.

53ᵉ Leçon. — L'enseignement catholique et l'action catholique, seuls remèdes au socialisme. L'Encyclique *Humanum genus* de Léon XIII; réponse des socialistes. Patronage chrétien et corporation libre.

54ᵉ Leçon. — *a*) Exercice du patronage chrétien dans la grande industrie. Associations de patrons. Difficultés dans les sociétés anonymes. Obligations des actionnaires et des administrateurs. — *b*) Corporations selon les vues de Léon XIII. — *c*) Œuvres ouvrières : patronages pour l'enfance et la jeunesse, cercles pour les hommes, Petites-Sœurs de l'ouvrier pour les femmes.

55ᵉ Leçon. — Obstacles à l'harmonie sociale qui naissent de certains faits politiques. La Déclaration de 1789. Son vice radical. Discussion du Préambule. Abstraction de Dieu, de la Patrie et des conditions réelles de l'humanité. Conséquences fatales du silence affecté sur les droits de Dieu. Athéisme légal.

56ᵉ Leçon. — Art. I. Confusion entre la liberté psychologique et la liberté morale. Fausseté de l'énoncé pris universellement. La liberté politique suivant l'Encyclique *Libertas*. Vraie et fausse égalité. Le nivellement social.

57ᵉ Leçon. — Art. II. Définition incomplète de la fin de la société politique. Principe de la résistance à l'oppression. Doctrine gallicane; doctrine romaine. Conditions et limites de la résistance à l'oppression.

58ᵉ Leçon. — Art. III. Principe de la souveraineté. Son origine est en Dieu, mais la collation résulte d'un fait humain. Le Pouvoir est de droit divin mais non le Prince. Origine providentielle des constitutions des nations. Théorie de M. de Maistre. Réfutation de la théorie de la royauté de droit divin telle qu'elle est enseignée par les parlementaires et les gallicans.

59ᵉ Leçon. — Art. IV et Art. V. Liberté absolue d'agir. Négation de la notion du devoir. — Art. VI. La notion de la loi. L'égalité devant la loi. — Art. VII et Art. VIII. La sécurité personnelle. Le droit pénal.

60ᵉ Leçon. — Art. IX, X et XI. Triple liberté de conscience, des cultes et de la presse. Fausseté du principe. La liberté du mal. Encycliques *Mirari vos* de Grégoire XVI, et *Immortale Dei* de Léon XIII. La tolérance.

61ᵉ Leçon. — Art. XII — XVII. Force publique, Contribution publique. Contrôle de l'Administration. Constitution; séparation des pouvoirs. Propriété. Conclusion.

62ᵉ Leçon. — Les devoirs de l'homme envers ses semblables. Base, principe, formule. La justice et la charité.

63ᵉ Leçon. — La justice commutative. Criterium, principe fondamental et mesure des obligations. Objet matériel ou biens qui en peuvent être la matière.

64ᵉ Leçon. — Principe et mesure de la charité envers le prochain. Obligation d'aider le prochain. Charité générale et spéciale. Échelle comparative des nécessités et des devoirs. Aumône, correction fraternelle.

65ᵉ Leçon. — Nature du contrat de louage d'ouvrage. La participation aux bénéfices ; la loi de l'offre et de la demande ; les besoins de l'ouvrier. Le juste salaire.

66ᵉ Leçon. — Taux du salaire. Libre concurrence. Intervention de l'État. Corporations, associations privées.

67ᵉ Leçon. — Titres du patron. Ses devoirs spéciaux de charité envers ses ouvriers. Diverses nécessités auxquelles il doit subvenir.

68ᵉ Leçon. — La question ouvrière résolue par la justice et la charité réunies.

69ᵉ Leçon. — La corporation dans le passé. Ses rapports avec la confrérie.

70ᵉ Leçon. — La corporation chrétienne et le syndicat mixte de patrons et d'ouvriers. Le patrimoine corporatif.

71ᵉ Leçon. — Les institutions économiques et les institutions de prévoyance dans la corporation. Association catholique des patrons du Nord de la France.

72ᵉ Leçon. — L'Église et l'État. Définitions. Prétendu conflit. Préambule de l'Encyclique *Immortale Dei*.

73ᵉ Leçon. — L'État persécuteur. L'*Apologétique* de Tertullien. Défense de la conscience chrétienne. Réfutation de M. Duruy. Exposition de l'Encyclique *Immortale Dei*. Constitution de la société civile d'après les principes rationnels.

74ᵉ Leçon. — Suite de l'Encyclique. Droits essentiels de l'Église. Rapports nécessaires entre les deux sociétés. Subordination nécessaire de la société civile à la société religieuse dans l'ordre moral.

75ᵉ Leçon. — Conditions de l'harmonie entre l'Église et l'État. Respect de la puissance législative et de la juridiction de l'Église, de son droit de propriété, de l'immunité des clercs, des Congrégations religieuses. Nécessité du principat temporel du Saint-Siège pour la tranquillité de la société chrétienne.

76ᵉ Leçon. — Conditions de l'harmonie entre l'Église, la famille et l'État. Respect du mariage religieux; mariage reconnu par l'État là où il est reconnu par l'Église. Respect des droits du père de famille et de l'Église sur l'enseignement à tous ses degrés.

77ᵉ Leçon. — Faits qui contribuent à l'harmonie entre l'Église et l'État. Les Concordats. Nature de l'obligation qui en naît : juridique du côté du prince, morale du côté du Vicaire de Jésus-Christ, ferme néanmoins de part et d'autre.

78ᵉ Leçon. — Application de ces notions au Concordat de 1801. Son contenu. Les articles organiques.

79ᵉ Leçon. — Le *Syllabus*, base de la reconstitution sociale.

80ᵉ Leçon. — Épilogue. La chrétienté. L'ordre international chrétien.

Leçon complémentaire aux élèves de deuxième année. Bibliographie de la question sociale et de la question ouvrière.

ÉCONOMIE SOCIALE

(Cours commun aux élèves des deux années d'études industrielles et réparti sur les deux années.)

M. BÉCHAUX, docteur en droit, professeur.   60 leçons.

1re Leçon. — Introduction. Qu'est-ce que l'Économie sociale, son utilité, ses difficultés. Plan général du cours. Définition et objet de la science économique. Méthode à suivre.

2e Leçon. — Méthode d'observation. Ses différents procédés : statistique générale ; statistique spéciale ou monographie ; enquête officielle ; histoire (aperçu général).

3e Leçon. — Rapports de l'Économie sociale avec les autres sciences, avec la Morale, avec le Droit, avec la Politique.

4e Leçon. — Histoire sommaire de l'Économie sociale. Fin de l'introduction.

5e Leçon. — Plan. LIVRE I. L'Initiative privée et l'ordre économique. — LIVRE II. L'État et l'ordre économique.

6e Leçon. — LIVRE I. L'Initiative privée et l'ordre économique. CHAPITRE I. *Le travail.* Travail servile. Travail forcé (servage).

7e Leçon. — Du régime corporatif. Origine des anciennes Corporations françaises d'arts et métiers. Caractères généraux des Corporations.

8e Leçon. — Organisation intérieure des Corporations. Apprentis. Compagnons. Maîtres. — 1° Des apprentis.

Formation du contrat d'apprentissage. Obligation des parties. Avantage de l'apprentissage. — 2º Des compagnons ou ouvriers; leur situation. — 3º Des maîtres.

9º Leçon. — Appréciation critique des anciennes Corporations d'arts et métiers. Avantages des Corporations du XIIIᵉ au XVIIᵉ siècle; sécurité professionnelle, matérielle, morale. Du XVIIᵉ siècle à la Révolution. Inconvénients. Monopole. Réglementation. Fiscalité.

10ᵉ Leçon. — De la liberté du travail. Les lois de 1791. Des restrictions apportées à la liberté du travail. — 1º Dans un intérêt social. — 2º Dans un intérêt d'hygiène et de sécurité publique. — 3º Dans un intérêt fiscal.

11ᵉ Leçon. — De la division du travail. Avantages qu'elle présente. Réponse aux objections.

12º Leçon. — De la rétribution du travail ou salaire. Nécessité du salaire. Formes diverses du salaire. Salaire au temps ou à la tâche; en argent ou en nature. Salaire nominal et salaire réel. Difficultés de l'étude des salaires.

13ᵉ Leçon. — Les causes de la variation des salaires. Des causes économiques. Productivité du travail. Abondance du Capital. Prix des subsistances. Des causes politiques. Influence des lois et des institutions. Des causes morales. Influences individuelles. Famille. Ecole. Milieu social. Religion.

14ᵉ Leçon. — De la stabilité et de la sécurité du travail.

15ᵉ Leçon. — Du patronage dans l'industrie. Étude des différentes pratiques du patronage.

16ᵉ Leçon. — CHAPITRE II. *De l'Association*. Formes diverses de l'association.

17ᵉ Leçon. — Des sociétés coopératives ouvrières. Principe général. I. Des sociétés de production.

18ᵉ Leçon. — II. Des sociétés de consommation. — III. Des sociétés de crédit.

19ᵉ Leçon. — De la liberté d'association en France. Législation actuelle des syndicats professionnels. Examen de la loi du 21 mars 1884.

20ᵉ Leçon. — Chapitre III. *De la Propriété.* Origine de fait et fondement de droit. Utilité économique.

21ᵉ Leçon. — Formes de la propriété.

22ᵉ Leçon. — Des droits qui dérivent de la propriété.

23ᵉ Leçon. — Du régime économique des successions. De la liberté de tester au point de vue de la famille et de la richesse. Examen des formes proposées.

24ᵉ Leçon. — Chapitre IV. *Du Capital.* Capital fixe et capital circulant. De la rétribution du capital ou de l'intérêt. — I. Nature de l'intérêt. — II. De la légitimité de l'intérêt. — III. De la réglementation du taux de l'intérêt par l'État.

25ᵉ Leçon. — Chapitre V. *De l'Échange.* Définition. Principes. Mécanisme. L'échange et la valeur. Des instruments d'échange. De la monnaie. Caractères de la monnaie. Fabrications. Pouvoir légal.

26ᵉ Leçon. — Des systèmes monétaires. Système monétaire français depuis la Révolution. Modifications apportées par l'Union latine.

27ᵉ Leçon. — Bimétallisme et monométallisme.

28ᵉ Leçon. — Du Crédit. Conditions du crédit. Titres de crédit. Banques privées et banques publiques.

29ᵉ Leçon. — Des Banques publiques et de l'émission. Les billets de banque. Limites légales de cette émission.

30ᵉ Leçon. — Des opérations de banques privées.

31ᵉ Leçon. — LIVRE II. **L'État et l'ordre économique.** Chapitre I. *Du rôle de l'État dans l'ordre économique.* Notion préliminaire. Fondement de l'intervention de l'État. Système préventif et système répressif. Limites de l'intervention de l'État.

32ᵉ Leçon. — Chapitre II. *L'État et le régime industriel.* Intervention de l'État au point de vue social. Intervention au point de vue fiscal. Examen de la loi française.

33ᵉ Leçon. — Examen des lois étrangères. Comparaison avec la loi française.

34ᵉ Leçon. — Chapitre III. *L'État et le régime commercial.*

Système prohibitif et libre-échange. Examen des deux systèmes.

35ᵉ Leçon. — De la politique douanière. Les tarifs.

36ᵉ Leçon. — Chapitre IV. *L'État et l'assistance publique.* I. Les différents modes d'assistance. Assistance privée, publique, légale. — II. La liberté de l'assistance en France et les réformes nécessaires.

37ᵉ Leçon. — III. Système du droit à l'assistance en Angleterre, en Allemagne et en Suisse. — IV. La meilleure organisation des secours.

38ᵉ Leçon. — Moyen de diminuer les charges de l'assistance. Des assurances.

39ᵉ Leçon. — L'État et les assurances.

40ᵉ Leçon. — Chapitre V. *L'État et les services publics.* Les principaux services publics. Importance économique et progrès des services contemporains. Danger de l'augmentation croissante des services publics.

41ᵉ Leçon. — De l'exploitation des chemins de fer. Question du rachat.

42ᵉ Leçon. — Chapitre VI. *Moyens d'action et ressources de l'État.* — I. De l'impôt. Sa légitimité. Règle de l'impôt. L'impôt proportionnel et l'impôt progressif.

43ᵉ Leçon. — Bases de l'impôt. Impôt unique et impôt multiple. Impôts directs et impôts indirects.

44ᵉ Leçon. — II. De l'Emprunt. Ses avantages et ses dangers. Comparaison économique de l'impôt et de l'emprunt.

45ᵉ Leçon. — Chapitre VII. *Situation économique des grands États contemporains.* L'antagonisme social dans l'Europe occidentale, l'Allemagne, l'Angleterre et la France.

46ᵉ Leçon. — Les causes du mal social.

47ᵉ Leçon. — Les grèves et les coalitions.

48ᵉ Leçon. — LES REMÈDES AU MAL SOCIAL. Remèdes fournis dans l'ordre moral par le christianisme, dans l'ordre matériel par l'économie sociale.

49ᵉ Leçon. — Examen des principaux ouvrages d'économie sociale : Le *Patron*, de M. Périn; le *Catéchisme du Patron*, de M. Harmel.

50ᵉ Leçon. — L'action catholique. Œuvres et tentatives actuelles : Le Val-des-bois; les cercles d'ouvriers; l'association des patrons du Nord.

51ᵉ Leçon. — Les Encycliques sur la question sociale.

52ᵉ Leçon. — Résumé du cours et conclusions.

Les autres leçons sont consacrées aux interrogations, aux exercices et aux visites. Les élèves assistent à cinq réunions de l'association des patrons.

DROIT

Principes de Droit constitutionnel, de Droit administratif, de Droit civil et de Droit commercial.

(Cours commun aux élèves des deux années d'études industrielles et réparti sur les deux années.)

M. GROUSSAU, avocat, docteur en droit, professeur.   80 leçons.

1re Leçon. — Le droit. Les lois. Le droit naturel et le droit positif. Le droit public et le droit privé. Plan général du cours.

2e Leçon. — L'État. Origine de la société. Origine du pouvoir. Les théories de l'organisme social et du contrat social. Mission de l'État.

3e Leçon. — Les citoyens. Devoirs publics. Droits publics. Déclaration de 1789. Principes posés par les diverses Constitutions de la France.

4e Leçon. — Examen des droits garantis aux citoyens au double point de vue de leurs applications et de leurs limites. Égalité civile. Liberté individuelle. Inviolabilité du domicile.

5e Leçon. — Liberté du travail, du commerce et de l'industrie. Réglementation administrative du travail des ouvriers dans l'industrie. Apprentissage. Conditions du travail des enfants et des femmes. Durée du travail des adultes. Livrets d'ouvriers.

— 30 —

6ᵉ Leçon. — Réglementation administrative des établissements industriels. Établissements dangereux, insalubres et incommodes. Machines à vapeur. Usines sur les cours d'eau.

7ᵉ Leçon. — Inviolabilité de la propriété. Notions générales sur l'expropriation pour cause d'utilité publique. Liberté de la presse et de la parole.

8ᵉ Leçon. — Droit de pétition. Droit de réunion. Droit d'association. Loi du 21 Mars 1884, sur les syndicats professionnels.

9ᵉ Leçon. — Liberté d'enseignement. Liberté religieuse. Rapports de l'Église et de l'État. Concordat. Articles organiques.

10ᵉ Leçon. — Qu'est-ce qu'une Constitution ? Idée générale des diverses Constitutions de la France.

11ᵉ Leçon. — Origines de la Constitution actuelle. Lois constitutionnelles de 1875. Révision de la Constitution. Séparation des pouvoirs. Division du pouvoir législatif entre deux Chambres.

12ᵉ Leçon. — La Chambre des députés. Suffrage universel. Électeurs et listes électorales. Éligibilité.

13ᵉ Leçon. — Élections à la Chambre. Nature et durée du mandat de député. Prérogatives parlementaires.

14ᵉ Leçon. — Le Sénat. Sa composition et son organisation. Législation de 1875 et législation de 1884.

15ᵉ Leçon. — Fonctionnement des Chambres : siège, sessions, débats, règlements. Attributions des Chambres. Sénat haute cour de justice.

16ᵉ Leçon. — Confection des lois. Initiative, discussion et vote des lois. Promulgation et publication des lois.

17ᵉ Leçon. — Du pouvoir exécutif. Le Président de la République. Organisation des fonctions présidentielles. Attributions et rôle du Président.

18ᵉ Leçon. — Les Ministres. Responsabilité civile et criminelle. Responsabilité politique des Ministres. Gouvernement parlementaire.

19e Leçon. — Organisation judiciaire. Principes généraux. Juridiction civile. Juridiction commerciale et industrielle. Des Tribunaux de commerce et des Conseils de prud'hommes.

20e Leçon. — Juridiction pénale. Contraventions et tribunaux de simple police. Délits et tribunaux correctionnels. Crimes et Cours d'assises. Cour de cassation.

21e Leçon. — Séparation de l'autorité judiciaire et de l'autorité administrative. Conflits jugés par le Tribunal des conflits. Tribunaux administratifs.

22e Leçon. — Organisation administrative. Notions générales. Divisions administratives. Personnes morales administratives.

23e Leçon. — Administration centrale. Décrets du Chef de l'État. Ministères, attributions des Ministres. Organisation du Conseil d'État.

24e Leçon. — Attributions du Conseil d'État : comme Conseil consultatif, en matière législative et en matière administrative ; comme Tribunal, en matière contentieuse. Des recours pour excès de pouvoir.

25e Leçon. — Administration départementale. Notions historiques. Les Préfets. Les Secrétaires généraux de préfecture.

26e Leçon. — Les Conseils de préfecture : organisation et attributions. Faut-il supprimer les Conseils de préfecture? Les Conseils généraux, leur organisation et leur fonctionnement.

27e Leçon. — Attributions des Conseils généraux. Les Commissions départementales. Intérêts communs à plusieurs départements. Des projets de décentralisation provinciale.

28e Leçon. — De l'Arrondissement. Les sous-préfets et les Conseils d'arrondissement. Circonscriptions communales. Syndicats des communes.

29e Leçon. — Administration communale. Organisation des Conseils municipaux.

30e Leçon. — Fonctionnement et attributions des Conseils municipaux. Biens des communes. Dons et legs aux communes. Procès des communes.

31ᵉ Leçon. — Les Maires, modes de nomination. Attributions des maires. De la police municipale. Les adjoints.

32ᵉ Leçon. — Finances publiques. Le budget de l'État. La comptabilité publique. Ordonnateurs et comptables. Contrôle du budget.

33ᵉ Leçon. — La Cour des comptes. Les impôts de l'État. Principes généraux. Impôts directs et indirects. Impôts de répartition et de quotité.

34ᵉ Leçon. — Contribution foncière des propriétés non bâties et des propriétés bâties. Cadastre. Péréquation de l'impôt foncier. Contribution personnelle-mobilière.

35ᵉ Leçon. — Contribution des portes et fenêtres. Contribution des patentes. Diverses taxes assimilées aux contributions directes.

36ᵉ Leçon. — Contributions indirectes. Taxes de consommation. Droits sur les boissons, sur les sucres.

37ᵉ Leçon. — Monopoles et exploitations de l'État. Droits de douanes. Droits d'enregistrement. Droits de timbre. Impôts sur les valeurs mobilières.

38ᵉ Leçon. — Les emprunts de l'État. Rentes perpétuelles. Amortissement et conversion des rentes.

39ᵉ Leçon. — Rente amortissable. Dette flottante. Les finances départementales : budget, comptabilité.

40ᵉ Leçon. — Les finances communales. Budget communal. Des octrois. Comptabilité communale.

41ᵉ Leçon. — Droit civil. Le code civil : sa confection, ses sources, ses divisions. Titre préliminaire. Non rétroactivité des lois. Personnes, biens et actes soumis à la loi française.

42ᵉ Leçon. — Les personnes. Actes de l'état civil. Domicile. Jouissance des droits civils. Dans quels cas on est français.

43ᵉ Leçon. — Acquisition et perte de la qualité de

Français. Loi du 26 Juin 1889 sur la nationalité. Condition
des étrangers en France.

44ᵉ Leçon. — La famille. Parenté et alliance. Du
mariage. Mariage religieux et mariage civil. Qualités et
conditions requises pour pouvoir contracter mariage.
Empêchements.

45ᵉ Leçon. — Formalités relatives à la célébration du
mariage. Oppositions à mariage. Nullités de mariage. Droits
et devoirs entre époux. De l'incapacité de la femme mariée.

46ᵉ Leçon. — Effets du mariage quant aux biens des
époux. Contrat de mariage. Régimes matrimoniaux :
communauté légale, communauté conventionnelle, exclu-
sion de communauté, séparation de biens, régime dotal.

47ᵉ Leçon. — Dissolution du mariage. Seconds mariages.
Divorce, admis par le Code civil, supprimé en 1816, rétabli
en 1884. Séparation de corps.

48ᵉ Leçon. — Filiation légitime, filiation naturelle.
Légitimation. Adoption. Puissance paternelle.

49ᵉ Leçon. — Incapacité des mineurs. La tutelle :
tuteur, subrogé tuteur, conseil de famille. Mineurs éman-
cipés. Curatelle.

50ᵉ Leçon. — Tutelle des interdits. Prodigues pourvus
d'un conseil judiciaire. Aliénés, loi du 30 Juin 1838. Des
absents : les trois périodes de l'absence.

51ᵉ Leçon. — Les biens. Diverses espèces d'immeubles
et de meubles. Domaine public et domaine privé de l'État,
des départements et des communes.

52ᵉ Leçon. — Droits réels et droits personnels. Propriété. Possession. Usufruit. Usage. Servitudes.

53ᵉ Leçon. — Modes d'acquérir la propriété. Les
successions. Héritiers légitimes. Successeurs irréguliers.
Droits du conjoint survivant, loi du 9 Mars 1891.

54ᵉ Leçon. — Différents partis que peut prendre un
héritier. Partage des successions. Testaments, formes et
effets. Diverses espèces de legs.

55ᵉ Leçon. — Donations entre vifs. Règles communes

aux donations et aux legs. Capacité de disposer et de recevoir. Réserve et quotité disponible.

56e Leçon. — Les obligations. Sources des obligations : contrats, quasi-contrats, délits, quasi-délits, loi. Des contrats. Conditions de validité. Exécution des contrats. Dommages-intérêts.

57e Leçon. — Extinction des obligations. Paiement, novation, remise volontaire, compensation, confusion, perte de la chose, actions en nullité ou en rescision, condition résolutoire, prescription.

58e Leçon. — Contrats qui interviennent le plus souvent. Vente. Échange. Louage. Du louage industriel. Responsabilité du patron.

59e Leçon. — Principaux contrats *(suite)*. Société. Prêt. Dépôt. Mandat. Transaction. Contrats aléatoires : jeu, pari, rentes viagères, assurances.

60e Leçon. — Garantie des droits des créanciers. Action paulienne. Cautionnement. Nantissement, gage, antichrèse. Droit de rétention. Privilèges. Hypothèques.

61e Leçon. — Procédure civile. Tentative de conciliation. Demande en justice. Huissiers, avoués, avocats. Modes de preuve. Enquêtes. Expertises.

62e Leçon. — Jugement. Diverses sortes de jugements. Exécution des jugements, saisies. Voies de recours ordinaires et extraordinaires.

63e Leçon. — Droit commercial : ses sources et ses règles. Des actes de commerce et des commerçants.

64e Leçon. — Le mineur commerçant. La femme mariée commerçante. Publication du régime matrimonial des commerçants. Livres de commerce.

65e Leçon. — Des sociétés. Caractères. Sociétés civiles et sociétés commerciales. Personnalité civile des associés. Sociétés en nom collectif.

66e Leçon. — Sociétés en commandite simple. Des sociétés par actions : Actions et obligations. Sociétés en commandite par actions. Sociétés anonymes.

67ᵉ Leçon. — Sociétés à capital variable. Associations en participation. Publicité des sociétés.

68ᵉ Leçon. — Bourses de commerce. Bourses de marchandises et courtiers. Bourses des effets publics et agents de change. Valeurs et opérations de bourse.

69ᵉ Leçon. — Gage commercial. Magasins généraux. Commission. Commissionnaires de transport.

70ᵉ Leçon. — Responsabilité du voiturier. Ventes commerciales, usages spéciaux. Compte courant.

71ᵉ Leçon. — Circulation des capitaux et banques. Changes et lettres de change.

72ᵉ Leçon. — Conditions de validité de la lettre de change. Clauses non essentielles. Négociation des lettres de change. Endossement.

73ᵉ Leçon. — Garanties du paiement de la lettre de change : provision, acceptation, aval, solidarité. Paiement de la lettre de change. Refus de paiement, droits et devoirs du porteur non payé.

74ᵉ Leçon. — Billet à ordre. Chèque. Comparaisons avec la lettre de change. Les effets de commerce au point de vue du fisc.

75ᵉ Leçon. — Faillite. Cessation de paiements. Jugement déclaratif de faillite et ses effets.

76ᵉ Leçon. — Procédure de la faillite. Vérification des créances. Concordat. Autres solutions de la faillite.

77ᵉ Leçon. — Banqueroutes. Réhabilitation. Liquidation judiciaire, lois du 4 Mars 1889 et du 4 Avril 1890.

78ᵉ Leçon. — Commerce maritime. Navires, propriété, louage, contrat à la grosse, hypothèque, assurances maritimes, avaries.

79ᵉ Leçon. — Propriété industrielle. Brevets d'invention.

80ᵉ Leçon. — Dessins et modèles industriels. Marques de fabrique et de commerce. Noms commerciaux. Médailles et récompenses industrielles.

COMPLÉMENTS DE MATHÉMATIQUES

(Pour les élèves de 1re année.)

M. l'abbé STOFFAES, licencié ès sciences, professeur.   60 leçons.

De la **1re** à la **15e Leçon**. — Révision des éléments.

16e Leçon. — Progressions arithmétiques et géométriques.

17e Leçon. — Calcul des radicaux.

18e Leçon. — Combinaisons.

19e Leçon. — Binôme de Newton.

20e Leçon. — Quantités imaginaires.

21e Leçon. — Séries.

22e Leçon. — Suite des séries. Nombre e.

23e Leçon. — $\left(1 + \frac{1}{m}\right)^m$

24e Leçon. — Logarithmes.

25e Leçon. — Théorèmes sur les dérivées.

26e Leçon. — Dérivée d'une somme, d'un produit, etc.

27e Leçon. — Dérivée de x^m, a^x, $\log x$, $\sin x$, etc.

28e Leçon. — Dérivée de $\arcsin x$, $\arccos x$, $\operatorname{arc\,tang} x$. Théorème des fonctions homogènes.

29e Leçon. — Séries de Taylor et de Maclaurin. Développement des fonctions en séries.

30e Leçon. — Développement de $(1 + x)^m$. Calcul des tables de logarithmes.

31e Leçon. — Géométrie analytique à deux dimensions. Coordonnées.

32e Leçon. — Théorie des projections.

33e Leçon. — Transformation des coordonnées.

34e Leçon. — Ligne droite.

35e Leçon. —   id.

36e Leçon. — Cercle. Lieux géométriques.

37e Leçon. — Classification des courbes du second dégré.

38e Leçon. — Centres dans les courbes du second degré.

39e Leçon. — Diamètres. Axes.

40e Leçon. — Tangentes. Normales.

41e Leçon. — Concavité. Convexité. Asymptotes.

42e Leçon. — Points singuliers.

43e Leçon. — Construction des courbes.

44e Leçon. — Même sujet.

45e Leçon. — Équation réduite et propriétés de l'ellipse.

46e Leçon. — Équation réduite et propriétés de l'hyperbole.

47e Leçon. — Équation réduite et propriétés de la parabole.

48e Leçon. — Foyers des courbes du second degré.

49e Leçon. — Courbes du second degré en coordonnées polaires.

50e Leçon. — Géométrie analytique à trois dimensions. Projections. Transformation des coordonnées.

51e Leçon. — Distance de deux points.

52e Leçon. — Étude du plan.

53e Leçon. — Même sujet.

54e Leçon. — Étude de la ligne droite.

55e Leçon. — Même sujet.

56e Leçon. — Problèmes sur la ligne droite et le plan.

57e Leçon. — Centres. Surfaces du second degré.

58e Leçon. — Génération des surfaces.

59e Leçon. — Plans tangents et normales.

60e Leçon. — Même sujet et applications.

ÉLÉMENTS D'ANALYSE

(Cours de 2e année, pour les candidats Ingénieurs.)

M. VILLIÉ, docteur ès sciences, professeur. **22 leçons.**

1ᵉ Leçon. — Infiniment petits de divers ordres. Exemples d'infiniment petits du premier et du second ordre.

2ᵉ Leçon. — Théorèmes relatifs à la substitution des infiniment petits. Applications géométriques.

3ᵉ Leçon. — Dérivée. Fonctions élémentaires. Fonction inverse. Fonction de fonction. Différentielle. Elle peut être substituée à l'accroissement.

4ᵉ Leçon. — Différentielle totale d'une fonction de plusieurs variables. Elle peut être substituée à son accroissement. Dérivée d'une fonction composée. Applications.

5ᵉ Leçon. — Dérivée des fonctions implicites. Dérivées de l'aire et de l'arc d'une courbe (coordonnées rectilignes ou polaires). De l'intégrale définie. Tangente, sous-tangente.

6ᵉ Leçon. — Normale, sous-normale. Cycloïde. Concavité. Points d'inflexion. Tangente en coordonnées polaires. Sous-tangente et sous-normale. Applications.

7ᵉ Leçon. — Tangente et plan normal aux courbes gauches. Cosinus directeurs de la tangente. Plan tangent et normal à une surface.

8ᵉ Leçon. — Dérivées et différentielles de divers ordres des fonctions d'une seule variable. Dérivées et différentielles totales de divers ordres des fonctions de plusieurs variables.

9ᵉ Leçon. — Maximum et minimum d'une fonction d'une seule variable. Application à la distance d'un point à une courbe.

10e Leçon. — Formule de Taylor pour le cas de plusieurs variables. Maximum et minimum d'une fonction de deux variables. De la courbure et du cercle de courbure.

11e Leçon. — Propriétés du cercle de courbure. Expression du rayon de courbure en fonction de l'arc. Rayon de courbure de la parabole.

12e Leçon. — Rayon de courbure de l'ellipse, de la cycloïde. Contact des courbes planes. Courbes osculatrices. Droite osculatrice. Cercle osculateur.

13e Leçon. — Développée d'une courbe plane. Théorème et applications. Développantes. Courbes enveloppes.

14e Leçon. — Recherche des courbes enveloppes. Surfaces enveloppes. Courbes gauches. Plan osculateur.

15e Leçon. — Propriétés du plan osculateur. Rayon de courbure. Normale principale.

16e Leçon. — Calcul intégral. Méthodes d'intégration.

17e Leçon. — Méthode d'intégration par parties. Applications.

18e Leçon. — Intégration des fractions rationnelles. Intégration des fractions rationnelles des lignes trigonométriques.

19e Leçon. — Irrationnelles du second degré. Intégration des fonctions transcendantes. Intégrales définies. Intégrale de Poisson.

20e Leçon. — Intégration des expressions $\dfrac{dx}{\sqrt{1-x^2}}$ $\dfrac{dx}{1+x^2}$ $\sin^m x\, dx$ (entre o et $\dfrac{\pi}{2}$). Formule de Wallis. Intégration par série. Application à la formule du pendule.

21e Leçon. — Développement en série de *arc tg x* et de *arc sin x*. Valeur approchée d'une intégrale définie. Méthode des trapèzes. Méthode de Simpson. Aire des courbes planes. Parabole. Ellipse.

22e Leçon. — Aire de la cycloïde. Boucle du folium de Descartes. Arc de la cycloïde; arc de l'hélice. Volumes : sphère, ellipsoïde, conoïde, onglet cylindrique.

CINÉMATIQUE ET MÉCANISMES

(Pour les élèves de 2ᵉ année.)

M. VILLIÉ, docteur ès sciences, professeur.   20 leçons.

1ʳᵉ Leçon. — Cinématique. Préliminaires. Vitesse d'un point matériel. Ses composantes en coordonnées rectilignes.

2ᵉ Leçon. — Accélération. Ses composantes en coordonnées rectilignes. Composante tangentielle et normale. De la déviation.

3ᵉ Leçon. — Du mouvement relatif. Théorème sur les vitesses. Théorème sur les accélérations quand le mouvement d'entraînement est une translation. Systèmes invariables.

4ᵉ Leçon. — Translation. Rotation. Mouvement plan. Centre instantané. Normale à l'ellipse.

5ᵉ Leçon. — Mouvement épicycloïdal. Normale à l'épicycloïde. Applications.

6ᵉ Leçon. — Enveloppe d'une courbe mobile. Applications à la recherche des tangentes. Enveloppe d'un diamètre d'un cercle mobile roulant sur un cercle fixe.

7ᵉ Leçon. — Mouvement d'un solide autour d'un point fixe. Axe instantané.

8ᵉ Leçon — Mouvement le plus général d'un solide. Axe hélicoïdal.

9ᵉ Leçon. — Composition des mouvements d'un système invariable.

10ᵉ Leçon. — Transformation de mouvement. Manivelles et bielle. Poulies et courroies. Chaînes et câbles.

11e Leçon. — Théorie générale des engrenages. Engrenages à lanterne.

12e Leçon. — Engrenages épicycloïdaux. Engrenages à développantes de cercle.. Comparaison.

13e Leçon. — Crémaillère. Engrenages intérieurs. Détails pratiques sur les engrenages. Arbres intermédiaires. Trains épicycloïdaux.

14e Leçon. — Engrenages hélicoïdaux. Joint de Cardan. Engrenages coniques. Équipages de roues dentées. Poulies et courroies.

15e Leçon. — Engrenages hyperboliques. Vis sans fin. Encliquetages.

16e Leçon. — Bielle et manivelles. Bielle universelle et tige guidée. Rainures.

17e Leçon. — Excentriques; Cames; Came en cœur; Coulisse de Stephenson.

18e Leçon. — Parallélogramme de Watt. Inverseur Peaucellier.

19e Leçon. — Planimètre. Machines à calculer. Pantographe.

20e Leçon. — Machines à équations en général. Tracé des courbes. Révision et conférence.

MÉCANIQUE RATIONNELLE

—•◄◎►•—

(Cours de 3ᵉ année, pour les candidats Ingénieurs.)

M. VILLIÉ, docteur ès sciences, professeur.   45 leçons.

1ʳᵉ Leçon. — Principes généraux de la Dynamique.
Force : Définition de cette grandeur géométrique. Mouvement produit par une force constante.

2ᵉ Leçon. — Mouvement parabolique; accélération;
déviation. Proportionnalité des forces aux accélérations.
Forces variables. Masse d'un point.

3ᵉ Leçon. — Composition des forces. Statique du point
matériel. Dynamique du point. Théorème du travail et des
forces vives. Travail virtuel.

4ᵉ Leçon. — Théorie des moments. Théorème des
projections et des moments des quantités de mouvement et
des impulsions des forces.

5ᵉ Leçon. — Mouvement parabolique des projectiles
dans le vide. Jet d'eau. Lois de Képler.

6ᵉ Leçon. — Loi des aires. Formule de Binet. Attraction
universelle. Perturbations dans le mouvement des planètes.
Découverte de Neptune.

7ᵉ Leçon. — Pendule simple. Pendule circulaire. Pendule cycloïdal.

8ᵉ Leçon. — Théorie des centres de gravité. Centre
de gravité du périmètre d'un triangle, d'un arc de cercle;
d'un arc d'hélice.

9ᵉ Leçon. — Centre de gravité de l'aire du triangle,
du trapèze, du quadrilatère, de la zône sphérique, du

prisme, du cylindre de la pyramide, du cône, du secteur sphérique.

10ᵉ Leçon. — Suite des centres de gravité. Théorèmes de Guldin. Moment d'inertie. Rayon de giration.

11ᵉ Leçon. — Ellipsoïde d'inertie. Moments d'inertie du rectangle, du cercle, de la sphère, etc. Dynamique des systèmes. Notions sur la constitution des corps.

12ᵉ Leçon. — Les quatre grands Théorèmes généraux de la dynamique : 1° Mouvement du centre de gravité. Applications. 2° Projection des quantités de mouvement et des impulsions des forces extérieures. Applications.

13ᵉ Leçon. — 3° Théorème des quantités de mouvement et des impulsions des forces extérieures. Principe de la conservation des aires. 4° Théorème du travail et des forces vives. Cas des solides et des liquides. Travail de la pesanteur. Travail dû à la détente d'un gaz. Équation du travail dans les machines. Impossibilité du mouvement perpétuel. Utilité de la machine.

14ᵉ Leçon. — Théorie des volants. Mouvement d'un solide. Cas d'un couple. Forces situées dans un même plan. Forces parallèles. Application à la pesanteur.

15ᵉ Leçon. — Équations de l'équilibre d'un système matériel. Théorème du travail virtuel. Équilibre des systèmes à liaisons.

16ᵉ Leçon. — Systèmes à liaisons (*suite*). Cas où les forces sont des poids. Équilibre indifférent. Applications. Pont-levis à flèche. Pont-levis de Bélidor.

17ᵉ Leçon. — Polygone funiculaire. Polygone de Varignon. Chaînette.

18ᵉ Leçon. — Polygones articulés. Mansarde. Force d'inertie. Principe de d'Alembert. Équation générale du mouvement d'un système à liaisons.

19ᵉ Leçon. — Applications du principe de d'Alembert. Machines d'Atwood. Choc des corps solides. Corps mous. Application au battage des pilots.

20ᵉ Leçon. — Choc des corps élastiques. Applications.

Rotation d'un corps solide autour d'un axe fixe. Pression du corps sur ses appuis.

21ᵉ Leçon. — Axes permanents de rotation, Pendule composé. Mesure de g. Métronome de Maëlzel. Balance de torsion.

22ᵉ Leçon. — Régulateur à force centrifuge. Action mutuelle de deux corps en mouvement autour d'axes parallèles.

23ᵉ Leçon. — Théorie des manivelles. Résistances passives. Démonstration de l'existence de la force du frottement.

24ᵉ Leçon. — Lois du frottement. Équilibre du levier et de la poulie fixe. Traction d'un corps pesant sur un plan incliné.

25ᵉ Leçon. — Presse à coin. Frottement des guides et coulisses. Valet de menuisier.

26ᵉ Leçon. — Frottement de la vis à filet carré. Vis de pression. Frottement d'un pivot. Frottement dans les engrenages. De l'arc-boutement.

27ᵉ Leçon. — Frottement de roulement. Ses lois. Applications. De la raideur des cordes.

28ᵉ Leçon. — Glissement d'une corde ou courroie sur un cylindre. Frein de Prony. Frein. Courroie sans fin.

29ᵉ Leçon. — Hydrostatique. Principe de Pascal. Équilibre des fluides pesants. Liquides superposés. Équation générale de l'équilibre des fluides.

30ᵉ Leçon. — Surfaces de niveau. Pression sur une paroi plane. Centre de pression. Applications.

31ᵉ Leçon. — Pression sur les parois d'une chaudière à vapeur. Lignes de rupture. Principe d'Archimède. Équilibre d'un corps entièrement immergé. Équilibre d'un corps flottant. Surface de carène; ses propriétés.

32ᵉ Leçon. — Mesure des hauteurs par le baromètre. Hydraulique. Théorème de Daniel Bernoulli.

33ᵉ Leçon. — Déversoirs. Ajutage cylindrique. Mouvement permanent de l'eau dans les tuyaux eu égard au frottement.

34ᵉ Leçon. — Expériences de Prony et de Darcy. Écoulement de l'eau par un canal découvert.

35ᵉ Leçon. — Jaugeage des eaux courantes. Récepteurs hydrauliques. Puissance absolue d'une chute d'eau. Rendement d'un récepteur.

36ᵉ Leçon. — Roues en dessous à aubes planes. Roues en dessus à augets.

37ᵉ Leçon. — Roues de côté. Roues Sagebien. Roues Poncelet. Roues pendantes.

38ᵉ Leçon. — Turbines. Pompes. Accumulateurs.

39ᵉ Leçon. — Ventilateurs. Moulins à vent.

40ᵉ Leçon. — Résistance des matériaux.

41ᵉ Leçon. — Extension et compression. Épaisseur à donner aux chaudières; aux conduites d'eau. Pilots. Colonnes cylindriques en fonte. Principaux organes des machines qui se calculent d'après la résistance à l'extension.

42ᵉ Leçon. — De la flexion d'un prisme encastré. Solides d'égale résistance. Principaux organes de machines qui se calculent d'après la résistance à la torsion.

43ᵉ Leçon. — Cisaillement. Principaux organes des machines qui se calculent d'après la résistance au cisaillement.

44ᵉ Leçon. — Torsion. Diamètre des arbres.

45ᵉ Leçon. — Révision et Conférence.

PHYSIQUE

M. WITZ, docteur ès sciences, professeur.   57 leçons.

--

PHYSIQUE GÉNÉRALE

(Pour les élèves de 1re année.)

1re Leçon. — Force. Masse. Travail. Énergie. Conservation de l'énergie. Unités C. G. S.

2e Leçon. — Centre de gravité, pesanteur, son accélération, etc. Sa mesure par le pendule.

3e Leçon. — Pesée des corps; balance.

4e Leçon. — Hydrostatique. Densités.

5e Leçon. — Aréomètres et alcoomètres.

6e Leçon. — Pression atmosphérique : Baromètres.

7e Leçon. — Loi de Mariotte, etc....

8e Leçon. — Pompes. Injecteur Giffard. Trompes.

9e Leçon. — Hydraulique. Théorème de Torricelli, Écoulement des liquides et des gaz.

10e Leçon. — Tension superficielle; capillarité.

11e Leçon. — Osmose, dialyse, atmolyse.

12e Leçon. — Dilatation.

13e Leçon. — Thermométrie.

14e Leçon. — Changements d'état; distillation; production du froid.

15e Leçon. — Vapeurs; principe de Watt. Liquéfaction des gaz.

16e Leçon. — Densité des gaz et des vapeurs.

17e Leçon. — Hygrométrie.

18e Leçon. — Rayonnement.

19ᵉ Leçon. — Conductibilité. Lois du refroidissement.

20ᵉ Leçon. — Calorimétrie.

21ᵉ Leçon. — Pouvoirs calorifiques. Sources de chaleur.

22ᵉ Leçon. — Thermodynamique.

23ᵉ Leçon. — Machines thermiques. Machine animale.

24ᵉ Leçon. — Magnétisme.

25ᵉ Leçon. — Electro statique.

26ᵉ Leçon. — Générateurs d'électricité.

27ᵉ Leçon. — Piles.

28ᵉ Leçon. — Force électro-motrice; siège et origine.

29ᵉ Leçon. — Accumulateurs.

30ᵉ Leçon. — Electrolyse. Electro-métallurgie.

31ᵉ Leçon. — Unités pratiques. Mesure des intensités des courants.

32ᵉ Leçon. — Loi de Ohm et de Kirchoff; Shunts, etc...

33ᵉ Leçon. — Loi de Joule. Incandescence. Éclairage.

34ᵉ Leçon. — Electro-magnétisme et electro-dynamique.

35ᵉ Leçon. — Induction. Loi de Lenz.

36ᵉ Leçon. — Machines voltofaradiques.

37ᵉ Leçon. — Machines magnétofaradiques.

38ᵉ Leçon. — Magnétos et dynamos.

39ᵉ Leçon. — Moteurs; télégraphes.

40ᵉ Leçon. — Téléphones.

41ᵉ Leçon. — Acoustique, hauteur des sons, intervalles, etc....

42ᵉ Leçon. — Interférences; battements. Théorie des tuyaux.

43ᵉ Leçon. — Résonnateurs. Analyse des sons. Timbre.

44ᵉ Leçon. — Lumière; Photométrie; Unités.

45ᵉ Leçon. — Miroirs courbes.

46ᵉ Leçon. — Indices de réfraction. Prisme.

47ᵉ Leçon. — Lentilles minces et lentilles épaisses. Phares.

48ᵉ Leçon. — Étude des couleurs.

49ᵉ Leçon. — Analyse spectrale.

50ᵉ Leçon. — Achromatisme. Photographie.

51ᵉ **Leçon.** — Microscope.

52ᵉ **Leçon.** — Instruments d'optique.

53ᵉ **Leçon.** — Vision.

54ᵉ **Leçon.** — Grossissement des instruments.

55ᵉ **Leçon.** — Théorie des ondes. Polarisation.

56ᵉ **Leçon.** — Saccharimètres.

57ᵉ **Leçon.** — Météorologie.

PHYSIQUE INDUSTRIELLE

(Cours commun aux élèves des deux années.)

1ʳᵉ Partie : **MACHINES A VAPEUR.** 30 leçons.

1ʳᵉ **Leçon.** — Combustibles et foyers. Étude et classification des houilles. Essai d'une houille. Pouvoir calorifique des combustibles.

2ᵉ **Leçon.** — Étude générale des bassins houillers. Quelques mots sur l'exploitation. Quantité d'air nécessaire à la combustion d'un combustible. Gaz de la combustion.

3ᵉ **Leçon.** — Température des foyers. Étude d'un foyer : grille, cendrier, autel. Conditions théoriques d'un bon foyer.

4ᵉ **Leçon.** — Tirage naturel et artificiel des cheminées. Prix du tirage. Carneaux et cheminées.

5ᵉ **Leçon.** — Étude des divers types de foyers. Discussion des conditions de fumivorité. Conduite des feux.

6ᵉ **Leçon.** — Foyers à alimentation continue. Gazogènes. Bilan d'un foyer ; étude critique et discussion.

7ᵉ **Leçon.** — Chaudières. Chaudières à foyer extérieur et intérieur.

8ᵉ Leçon. — Chaudières tubulaires et multitubulaires.

9ᵉ Leçon. — Du rendement maximum des chaudières. Rendement des divers types. Discussion raisonnée de leurs avantages et de leurs défauts.

10ᵉ Leçon. — Volume d'eau des chaudières. Incrustations. Entraînement d'eau. Explosions.

11ᵉ Leçon. — Appareils accessoires des chaudières, soupapes de sûreté, détendeurs, etc. .

12ᵉ Leçon. — Machines thermiques. Machines à vapeur. Historique. Classification. Étude de leur fonctionnement et de leurs divers organes.

13ᵉ Leçon. — Étude des éléments des machines; cylindres, pistons, stuffingbox, tiges.

14ᵉ Leçon. — Crosses, bielles, manivelles, excentriques, volants.

15ᵉ Leçon. — Étude pratique des appareils de distribution; appareils à détente fixe.

16ᵉ Leçon. — Détentes variables, Gonzenbach, Meyer, Farcot. Coulisses.

17ᵉ Leçon. — Étude cinématique de la machine à vapeur.

18ᵉ Leçon. — Étude géométrique de la distribution.

19ᵉ Leçon. — Épure de Zeuner.

20ᵉ Leçon. — Machines à 4 tiroirs, Corliss, Ingliss, Wheelock, Sulzer, etc.

21ᵉ Leçon. — Machines à grande vitesse; machines rotatives.

22ᵉ Leçon. — Enveloppe de vapeur; emploi de la vapeur surchauffée; action de paroi.

23ᵉ Leçon. — Machines Woolf, Compound et à triple expansion.

24ᵉ Leçon. — Machines marines, locomobiles et locomotives.

25ᵉ Leçon. — Condenseurs, pompes; petit cheval, etc.

26ᵉ Leçon. — Travail indiqué et travail effectif; essais au frein et à l'indicateur de Watt.

4

27ᵉ Leçon. — Calculs des machines.

28ᵉ Leçon. — Étude comparative et raisonnée des diverses machines à feu.

29ᵉ Leçon. — Machines à air chaud.

30ᵉ Leçon. — Machines à gaz tonnant.

2ᵉ Partie : ÉLECTRICITÉ. 16 leçons.

1ʳᵉ Leçon. — Principes généraux. Potentiel, quantité et capacité électrostatique. Électricité dynamique. Courants. Force électromotrice ou différence de potentiel. Unités électromagnétiques : leur origine, leur dérivation. Applications. Étalons.

2ᵉ Leçon. —Forces électromotrices et actions de contact. Étude des principaux éléments des piles; leurs constantes.

3ᵉ Leçon. — Actions chimiques : Électrolyse; piles à gaz; accumulateurs.

4ᵉ Leçon. — Électrométallurgie. Séparation des métaux, raffinage. Traitement des minerais : utilisation théorique et pratique. Piles thermoélectriques. Leur rendement.

5ᵉ Leçon. — Courants dérivés : lois de Kirchoff. Mesure des résistances. Pont de Wheatstone.

6ᵉ Leçon. — Étude des variations de potentiel dans les circuits. Loi de l'égalité des résistances intérieures et extérieures. Mesure de l'intensité des courants. Ampèremètres.

7ᵉ Leçon. — Mesures des forces électromotrices. Méthodes d'opposition et de compensation. Voltmètres.

8ᵉ Leçon. — Rappel des éléments d'électromagnétisme. Électrodynamique et induction. Générateurs mécaniques d'électricité; naissance et développement des machines magnétos et dynamos. Leur principe.

9ᵉ Leçon. — Étude théorique des machines magnétos et dynamos. Séries, Shunts et Compounds dynamos. Diagrammes par les Volts et les Ohms.

10ᵉ Leçon. — Étude et discussion des caractéristiques extérieures. Conditions idéales d'une bonne dynamo ou magnéto.

11ᵉ Leçon. — Description des principaux types de machines dynamos, à anneau, à cylindre, à pôles et à disque; discussion de leurs avantages.

12ᵉ Leçon. — Machines à courants alternatifs. Du rendement des générateurs d'électricité; étude des causes de perte d'effet. Essais à faire sur les machines dynamos.

13ᵉ Leçon. — Transport de l'énergie à distance. Transformateurs. Loi de Jacobi et de Siemens. Diagramme de Sylvanus Thompson. Rendement.

14ᵉ Leçon. — Éclairage électrique. Arc voltaïque. Lampe régulateur Foucault, Serrin, Jaspar, Archereau, Siemens, Gramme, Brush, etc.... Bougie Jablochkoff; lampe Soleil.

15ᵉ Leçon. — Éclairage par incandescence : Werdermann, Régnier, Édison, Maxim, Swan, Lane-Fox. Étude comparative de ces éclairages. Prix de revient.

16ᵉ Leçon. — Téléphones à aimants; balance de Hughes; Microphones; Téléphones à piles. Étude complète d'un poste téléphonique. Réseau de Paris; bureau central, etc....

CHIMIE INDUSTRIELLE

———⚬⚬⚬———

(Cours commun aux élèves des deux années.)

M. LENOBLE, pharmacien de 1ʳᵉ classe, licencié ès sciences, professeur.

1ʳᵉ Partie : CHIMIE MINÉRALE. 60 leçons.

1ʳᵉ Leçon. — Préliminaires. Éléments distinctifs de la physique et de la chimie. Division de la chimie : corps simples, corps composés, radicaux. Analyse. Synthèse. Corps électropositifs. Corps électronégatifs. Cohésion. Dissociation. Dissolution.

2ᵉ Leçon. — Cristallisation. Systèmes cristallins. Combinaison. Mélange. Phénomènes qui accompagnent les combinaisons. Causes qui facilitent ou retardent les combinaisons. Lois des combinaisons : 1° Loi des poids ou de Lavoisier. 2° Loi des proportions définies ou de Proust. 3° Loi des proportions multiples ou de Dalton.

3ᵉ Leçon. — 4° Loi des nombres proportionnels. Équivalents en poids. 5° Loi des volumes ou de Gay-Lussac. Équivalents en volumes.

4ᵉ Leçon. — Hypothèse des atomes. Théorie atomique. Théorie de l'atomicité. Théorie de Lavoisier et de Dumas.

5ᵉ Leçon. — Généralités sur les corps simples ou composés. Étude des principales fonctions. Métalloïdes. Métaux. Acides. Bases. Sels. Classifications.

6ᵉ Leçon. — Hydrogène. Historique. État naturel. Préparations. Propriétés physiques et chimiques. Expériences. Usages.

7e Leçon. — Oxygène. Historique. État naturel. Propriétés, etc.... Ozone.

8e Leçon. — Eau. Historique. État naturel. Préparation de l'eau pure. Composition : 1° Analyse. 2° Synthèse. Propriétés physiques et chimiques. Usages.

9e Leçon. — Eaux aturelles. — A) Eaux douces ou potables. — a) Eaux courantes. — b) Eaux stagnantes. — B) Eaux dures ou crues. Caractères. Essai et analyse des eaux. Caractères organoleptiques. Matières solides. Dosage de la silice. Dosage de l'acide sulfurique. Dosage du chlore.

10e Leçon. — Dosage de l'acide phosphorique. Dosage de l'hydrogène sulfuré. Dosage de l'acide nitrique. Dosage des nitrites. Dosage du fer et de l'alumine. .

11e Leçon. — Dosage de la chaux. Dosage de la magnésie. Dosage de la potasse et de la soude. Dosage de l'ammoniaque. Dosage des matières organiques. Air et gaz dissous dans l'eau.

12e Leçon. — Mesure de la dureté des eaux. Méthode hydrotimétrique de Boutron et Boudet. Conditions que doit remplir une eau pour être potable.

13e Leçon. — Eaux des mers. Eaux minérales. Caractères. Propriétés. Classification. Fabrication des eaux minérales artificielles. Eau de Seltz. — Eau oxygénée. Préparation. Propriétés. Usages.

14e Leçon. — Soufre. État naturel. Extraction : 1° en Sicile. Meules. 2° par sublimation. Raffinage du soufre brut de Sicile. Divers appareils. Lamy Déjardin. Soufre en canons. Soufre en fleur. Autres moyens employés pour l'extraction du soufre : 1° Traitement des pyrites. 2° Traitement du cuivre sulfuré. 3° Traitement du mélange de Laming épuisé. 4° Préparation avec l'acide sulfureux et l'hydrogène sulfuré. 5° Avec l'acide sulfureux et le charbon. Révision des propriétés physiques et chimiques du soufre. Usages.

15e Leçon. — Combinaisons oxygénées du soufre : Acide hydrosulfureux. — Acide sulfureux. — Acide sulfurique de Nordhausen. Préparation et usages. — Acide sulfurique ordinaire. Historique. État naturel. Fabrication : Matières premières.

16e Leçon. — Fabrication de l'acide sulfurique anglais (*suite*). — Appareils de la fabrication. Fours à soufre. Fours à pyrites. Fours d'Olivier et Perret. Chambres de plomb. Appareil pour la condensation des vapeurs nitreuses. Distributeur de l'acide sulfurique. Dénitrification de l'acide sulfurique nitreux. Tour de Glover. Alimentation des chambres par l'acide nitrique liquide.

17e Leçon. — Fabrication de l'acide sulfurique (*suite*). — Conduite de la fabrication. Cristaux des chambres de plomb. Théories de la formation de l'acide sulfurique. Purification.

18e Leçon. — Concentration de l'acide sulfurique des chambres. Chaudières en plomb. Appareils en platine. Vases en verre. Autres méthodes de préparation de l'acide sulfurique. Propriétés et usages.

19e Leçon. — Chlore. Historique. État naturel. Préparation : 1° Dans les laboratoires. 2° Dans l'industrie. Procédé de Luna. Procédé de Clemm. — Utilisation des résidus : 1° Procédé de Balmain. 2° Procédé de Dunlop. 3° Procédé de Gatty. 4° Procédé de Kuhlmann. 5° Procédé de Walter Weldon. 6° Procédé de Schaffner. 7° Procédé de Leykauf.

20e Leçon. — Autres procédés pour la fabrication du chlore. Procédés de Dunlop, d'Oxland, de Longmaid. Procédés de Péligot et de Shanks. Procédés de Mallet par le chlorure de cuivre. Procédés de Deacon, de Schlœsing, de Maumené. Propriétés physiques et chimiques. Usages.

21e Leçon. — Combinaisons du chlore avec l'oxygène et le soufre. — Acide chlorhydrique. Historique. État naturel. Préparation. Divers appareils de condensation. Purification. Composition. Analyse et Synthèse. Propriétés. Usages.

22e Leçon. — Brôme. Extraction. Procédé de Leisler. Purification. Propriétés. Usages. — Iode. État naturel. Extraction. Traitement des eaux-mères par l'acide sulfurique. Méthode anglaise de Wollaston. Méthode française. Extrac-

tion de l'iode du salpêtre du Chili. Propriétés. Usages. —
Fluor. Acide fluorhydrique. Gravure sur verre.

23e Leçon. — Azote. Composés oxygénés. Acide nitrique
anhydre. Acide nitrique fumant. Acide nitrique non fumant
monohydraté. Appareils de production. Appareils de condensation de Plisson et Devers. Purification de l'acide
nitrique.

24e Leçon. — Acide nitrique. *(suite)*. — Diverses méthodes de préparation. Propriétés physiques et chimiques.
Action sur les hydracides et sur les matières organiques.
Usages. — Ammoniaque. Historique. État naturel. Modes
de production. Préparation.

25e Leçon. — Ammoniaque *(suite)*. — *q)* Sources minérales. — *b)* Sources organiques. Extraction de l'ammoniaque des eaux du gaz. Appareil de Mallet. Appareil de
Rose. Appareil de Lunge.

26e Leçon. — Ammoniaque *(fin)*. — Extraction de l'am-
momoniaque de l'urine. Ammoniaque des os. Ammoniaque
des betteraves. Propriétés physiques et chimiques. Usages.

27e Leçon. — Phosphore. Historique. État naturel.
Préparation. Calcination des os. Traitement des os par
l'acide sulfurique. Concentration. Distillation. Purification
du phosphore.

28e Leçon. — Méthodes diverses pour la préparation
du phosphore. Propriétés physiques et chimiques. Phosphore
rouge. Préparation. Propriétés. Usages. Quelques mots sur
les principales combinaisons du phosphore.

29e Leçon. — Arsenic et ses combinaisons. Acide ar-
sénieux. Acide arsénique. Réalgar. Orpiment. Hydrogène
arsenié. Recherche de l'arsenic à l'aide de l'appareil de
Marsh.

30e Leçon. — Antimoine. Modes d'extraction employés
à Wolfsberg (Hartz), en Hongrie, à Malbosc (Ardèche), à
Romée (Vendée). Propriétés. Protoxyde d'antimoine. Chaux
d'antimoine. Sulfure d'antimoine. Cinabre d'antimoine.
Beurre d'antimoine. Hydrogène antimonié.

31ᵉ Leçon. — Carbone. Propriétés physiques et chimiques générales. — A) Charbons naturels : 1° Diamant. Historique. Propriétés. Gisements. Taille du diamant. Brillant. Rose. Historique des diamants célèbres. Diamants noirs.

32ᵉ Leçon. — Carbone (suite). — 2° Graphite. État naturel. Production artificielle. Propriétés. Purification. Acide graphitique. Usages. — B) Charbons artificiels : 1° Noir de fumée. 2° Charbon de bois. Fabrication. Description des meules. Marche de la carbonisation. Propriétés et applications.

33ᵉ Leçon. — Carbone (fin). — 3° Charbon animal. Préparation. Propriétés. Essai. Falsifications. Analyse. Révivification : 1° Lavage. 2° Calcination.

34ᵉ Leçon. — Sulfure de carbone. Préparation. Appareils de Peroncel et de Gérard. Propriétés et applications. — Acide borique. État naturel. Extraction. Cristallisation. Propriétés. — Acide silicique.

35ᵉ Leçon. — Traitement des minéraux de Stassfurt. — Traitement des eaux-mères des marais salants.

36ᵉ Leçon. — Traitement des vinasses de betteraves. — Traitement des varechs.

37ᵉ Leçon. — Carbonate de potasse : 1° Préparation à l'aide des végétaux. — a) Incinération des plantes. — b) Lixiviation des cendres. — c) Évaporation des lessives. — d) Calcination de la potasse brute. Potasses d'Amérique.

38ᵉ Leçon. — Carbonate de potasse (fin). — 2° Préparation à l'aide des résidus de la distillation du vin. 3° Préparation à l'aide des résidus du suint des moutons. Carbonate de potasse purifié. Carbonate de potasse pur. Propriétés et applications. — Potasse caustique. Potassium. Chlorure de potassium.

39ᵉ Leçon. — Chlorate de potasse : 1° Procédé de Graham et de Liebig. 2° Méthode anglaise. Usages. — Salpêtre. Nitrification. État naturel du salpêtre. Extraction : 1° à Ceylan 2° aux Indes. 3° en Hongrie. Nitrières artificielles. 4° en

Suisse. 5° en Suède. 6° à Longpont (Seine-et-Oise). Salpêtre des murailles.

40° Leçon. — Salpêtre *(suite)*. — Traitement de la terre nitreuse et des matériaux salpêtrés. — *A*) Préparation de la lessive brute. — *B*) Saturation de la lessive. — *C*) Évaporation. Fabrication du salpêtre à l'aide de l'azotate de soude du Chili et 1° du chlorure de potassium ; 2° du chlorure de baryum ; 3° du carbonate de potasse ; 4° de la potasse caustique.

41° Leçon. — Salpêtre *(fin)*. — Raffinage du salpêtre. Essai. Méthode employée dans les raffineries françaises. Procédé de Schlœsing. Usages.

42° Leçon. — Chlorure de Sodium. État naturel. I. Exploitation du sel gemme. — II. Exploitation des sources salées. Bâtiments de graduation. — III. Extraction du sel marin. Marais salants. 1° de l'Océan ; 2° de la Méditerranée. Composition du sel marin.

43° Leçon. — Sulfate de soude. État naturel. Préparation. Description des fours à sulfate. — Carbonate de soude — I. Gisements de soude naturelle. — II. Soude extraite des plantes. — III. Soude artificielle. — *A*) Procédé Leblanc. Matières premières. Fours pour la fabrication de la soude brute.

44° Leçon. — Carbonate de soude *(suite)*. — Lessivage de la soude brute. Évaporation des lessives. Soude cristallisée. Théorie de la formation de la soude. Charrées. Régénération du soufre. Procédés : 1° de Schaffner ; 2° de L. W. Hoffmann, P. Buquet et E. Kopp ; 3° de Chance.

45° Leçon. — Carbonate de soude *(fin)*. — *B*) Procédé Solvay. — *C*) Méthodes diverses pour la fabrication du carbonate de soude. Propriétés et usages. — Bicarbonate de soude. Soude caustique. Sodium. — Borax. État naturel. Purification du Tinkal. Préparation avec le Tiza. Fabrication avec l'acide borique. Raffinage du borax. — Azotate de soude. Hyposulfite de soude.

46° Leçon. — Alcalimétrie. Historique. Principes généraux de la méthode. Instruments. Préparation de la liqueur acide normale. Essai des potasses et des soudes commerciales.

47ᵉ Leçon. — Sels ammoniacaux. — Sulfate de baryte. Baryte caustique. — Sulfate de chaux. Gypse. Plâtre. Propriétés et prise du plâtre. Fabrication. Fours à plâtre. Usages. Moulage. Durcissement. Stucs.

48ᵉ Leçon. — Phosphates et superphosphates. — Chlorure de chaux : 1° Sec; 2° liquide. Théorie de sa formation. Hypochlorites alcalins. Chlorométrie.

49ᵉ Leçon. — Chaux et mortiers : Calcaire. Cuisson de la pierre à chaux. Classification des chaux. Mortiers aériens et hydrauliques. Chaux-limites. Ciments. Théorie de la solidification des mortiers.

50ᵉ Leçon. — Alun. État naturel. Matières premières. Divers modes de préparation. — Silicate d'alumine. Argile. Formation. Propriétés. Classification.

51ᵉ Leçon. — Poteries. Classification. 1° Porcelaine dure. Préparation de la pâte. Moulage. Cuisson. Fours à porcelaine. Peinture sur porcelaine. Dorure. 2° Porcelaine tendre française. 3° Porcelaine anglaise. 4° Poteries de grès. 5° Faïence. Cuisson. Décoration. Vases étrusques. Pipes de terre. Alcarazas. 6° Poterie commune. 7° Briques. Tuiles. Creusets, etc.

52ᵉ Leçon. — Verre. Propriétés générales. Classification chimique. Matières premières. Substances décolorantes. Groisil. Creusets. Fours. Classification pratique des verres. Étude des principales variétés. — I. Verres sans plomb. — A) Verre en tables. — a) Verre à vitres. — b) Verre à glaces.

53ᵉ Leçon. — Verre (fin). — B) Verre creux. — C) Verre moulé. — D) Verre soluble. Stéréochromie. — II. Verres plombeux. Cristal. Strass. Verres colorés. Émail. Verre opale. Verre craquelé. — Outremer naturel. Outremer artificiel.

54ᵉ Leçon. — Magnésium et ses composés. — Zinc. Extraction. Systèmes belge, silésien et anglais. Blanc de zinc. Vitriol blanc.

55ᵉ Leçon. — Métallurgie. Généralités. Traitements mécanique et chimique. Fondants. Fer. Minerais. Extraction du fer. Haut-fourneau. Fonderies. Réactions chimiques. Fonte blanche. Fonte grise.

56e Leçon. — Fer ductile. Affinage. Puddlage. Corroyage. Acier. — I. Acier d'affinage. 1° Acier naturel. 2° Acier puddlé. 3° Acier Bessemer. — II. Acier de carburation. — III. Acier de fonte et de fer ductile. Acier corroyé, acier fondu. Trempe. Propriétés. — Vitriol vert.

57e Leçon. — Nickel et cobalt. Couleurs de cobalt. Smalt. Speiss. Azur. Bleu Thénard. Bleu céleste. Vert de Rinmann. — Bioxyde de manganèse. Essai des manganèses du commerce. — Chrome. Chromates. — Bismuth. — Étain. Étamage. Or massif.

58e Leçon. — Plomb. Extraction. 1° Procédé américain. 2° Méthode par précipitation. 3° Procédé anglais. 4° Procédé français. Plomb d'œuvre. Massicot, litharge. Minium. Céruse. 1° Méthode hollandaise. 2° Méthode allemande. 3° Méthode anglaise. 4° Méthode française. Céruse de Pattinson.

59e Leçon. — Cuivre. Extraction. 1° Des minerais sulfurés. 2° Des minerais oxydés. 3° Du cuivre natif. 4° Par voie humide. Vitriol bleu. Bronze. Laiton. Argentan. — Mercure. Extraction. 1° Par grillage. — α) procédé d'Idria. — β) procédé d'Almaden. 2° Par reaction. — α) procédé d'Horgowitz. — β) procédé du duché des Deux-Ponts. 3° Par voie humide. Purification. Propriétés. Usages. Calomel. Sublimé corrosif.

60e Leçon. — Argent. Extraction. 1° Par voie humide. Méthode américaine, méthode européenne. 2° Par voie sèche. Coupellation. Nitrate d'argent. — Or. Platine. Métaux rares.

2e Partie : **CHIMIE ORGANIQUE.** 75 leçons.

1re Leçon. — Généralités. Matières organiques et matières organisées. Matières végétales et matières animales. Formation des matières organiques.

2ᵉ Leçon. — Analyse immédiate de la pomme de terre et du blé. Analyse élémentaire. Principes et appareils. Analyse d'une matière non azotée.

3ᵉ Leçon. — Analyse d'une substance azotée. Dosage de l'azote : 1° Par la méthode de Dumas. 2° En poids. Dosage du chlore, du brome, de l'iode, du soufre, du phosphore, etc. — Détermination de la formule d'une matière organique.

4ᵉ Leçon. — Théorie atomique. Théorie dualistique. — Corps simples : métalloïdes, métaux et radicaux. Corps composés : acides, bases et sels.

5ᵉ Leçon. — Théorie des substitutions. Fonctions chimiques. Étude et classification des principales fonctions.

6ᵉ Leçon. — Substances hydrocarbonées. Généralités. Matière amylacée. Extraction de la fécule de pomme de terre. Extraction de l'amidon du froment : 1° Par fermentation. 2° Sans fermentation.

7ᵉ Leçon. — Amidon de riz. Amidon de maïs. Arrowroot. Tapioca. Sagou. Gluten. Caractères des différentes espèces d'amidon.

8ᵉ Leçon. — Farines. Analyse des farines. Falsifications. Propriétés générales de la matière amylacée. Action des acides.

9ᵉ Leçon. — Action de la chaleur sur la matière amylacée. Action des zymases. Usages. — Dextrine commerciale. Préparation industrielle. Propriétés et usages. — Inuline. Glucogène. Lichénine.

10ᵉ Leçon. — Cellulose. Action des divers agents. Parchemin végétal. Coton-poudre. Collodion. Soie artificielle.

11ᵉ Leçon. — Distinction des fibres végétales entre elles. Soie. Laine. Lin. Chanvre. Coton. Jute. Lin de la Nouvelle-Zélande.

12ᵉ Leçon. — Procédé Vétillard pour la distinction des fibres végétales. Méthode de Schlesinger pour l'examen des fibres textiles. Cellulose animale. — Gommes. Mucilages. Composés pectiques. Fermentation pectique.

13ᵉ Leçon. — Saccharose. Historique. Origine. Propriétés.

Extraction du saccharose. — A) Sucre de canne : 1º Expression du jus. 2º Défécation. 3º Cuite. Mélasse. Production.

14ᵉ Leçon. — B) Sucre de betteraves. Description de la betterave à sucre. Composition. Saccharimétrie. 1º Par voie mécanique. — a) Méthode directe. — b) Méthode indirecte. 2º Par voie chimique à l'aide de la liqueur cupropotassique.

15ᵉ Leçon. — Détermination de la richesse saccharine des betteraves *(suite.)* — 3º Par voie physiologique. Fermentation. 4º Par voie physique. Saccharimètres. — a) de Soleil. — b) de Duboscq. — c) de Laurent.

16ᵉ Leçon. — Extraction du sucre des betteraves. — I. Lavage et mondage des betteraves. — II. Extraction du jus. — a) par expression au moyen de râpes ou de presses. — b) par la force centrifuge. — c) par macération. — d) par diffusion. Avantages de ce procédé. Diffusion froide. Diffusion chaude.

17ᵉ Leçon. — III. Défécation du jus. Ancienne méthode. Défécation à la baryte. Procédé de la double carbonatation. Travail des dépots et des écumes. — IV. Filtration du jus sur le noir animal. — V. Évaporation du jus. Triple effet. Construction et marche de l'appareil.

18ᵉ Leçon. — VI. Cuite du sirop filtré. Preuves. Chaudières à cuire en grains. — VII. Séparation du sucre et du sirop. Mélasse. Extraction du sucre de mélasse. 1º Procédé à la baryte. 2º Méthode par osmose, etc. Raffinage du sucre. Utilisation des bas produits. Sucre candi. Sucre de lait. Maltose.

19ᵉ Leçon. — Glucoses. Glucosides. Amygdaline. Salicine. Saligénine. Essence de reine des prés. Acide salicylique. Myronate de potasse.

20ᵉ Leçon. — Tannins. Principales subtances tannantes. Acide gallo-tannique. Encre. Acide gallique. Acide pyrogallique. Essai des matières tannantes. — Indigo. Extraction et essai.

21ᵉ Leçon. — Fermentation alcoolique. Historique.

Opinions et théories émises pour l'explication de ce phénomène. Ferments alcooliques. Produits de la fermentation.

22ᵉ Leçon. — Fabrication du vin. Récolte du raisin.
Pressage. Fermentation. Décuvage et soutirage. Compo-
sition des vins. Classification des vins. Analyse des vins.
Dosage de l'alcool.

23ᵉ Leçon. — Analyse des vins (*fin*). — Dosage de l'ex-
trait, des cendres, du sucre, de l'acidité, de la crème de
tartre, de l'acide tartrique libre, de la glycérine, etc.

24ᵉ Leçon. — Maladies du vin : Piqué. Acescence.
Pousse. Tourne. Graisse. Amertume. — Moyens employés
pour conserver les vins : Soufrage. Vinage. Salicylage. Collage. Plâtrage. Pasteurisation. Congélation. — Fabrication
des vins mousseux. Amélioration du moût et du vin : Chap-
talisation. Gallisation.

25ᵉ Leçon. — Pétiotisation. Congélation. Vinage. Scheelisage. — Falsification des vins : Mouillage. Sucrage. Piquette
de raisins secs. Scheelisage. Vinage. Salicylage. Recherche
des matières colorantes artificielles. Utilisation des résidus
de la préparation du vin.

26ᵉ Leçon. — Cidre et Poiré. — Bière. Matières premières : Céréales. Houblon. Eau. Ferment. Fabrication.
1° Maltage.

27ᵉ Leçon. — 2° Brassage. 3° Houblonnage. 4° Fermentation. Procédé Pasteur. Composition des principales
espèces de bières.

28ᵉ Leçon. — Alcool éthylique. Historique. Formation
par synthèse. Fabrication industrielle. Distillation et rectification. Appareils divers.

29ᵉ Leçon. — Propriétés physiques et chimiques de
l'alcool. Recherche. Usages.

30ᵉ Leçon. — Éthers simples. Éther ordinaire. Chlorure
d'éthyle. Iodure d'éthyle.

31ᵉ Leçon. — Éthers composés. Acide sulfovinique.
Éther éthylnitrique. — Éthylammines. — Composés organo-
métalliques.

32ᵉ Leçon. — Aldéhyde. Formation et Propriétés. Action du chlore sur l'aldéhyde. Chlorure d'acétyle. Chloral. Acétone.

33ᵉ Leçon. — Acide acétique ordinaire. Formation. Vinaigre. — *A)* Fabrication du vinaigre avec les liquides alcooliques. 1° Procédé d'Orléans. 2° Procédé allemand. 3° Vinaigre de betteraves. 4° Procédé de M. Pasteur. 5° Préparation à l'aide du noir de platine. Propriétés des vinaigres.

34ᵉ Leçon. — Acétimétrie. Procédé Réveil et Salleron. Recherche de l'acide sulfurique et de l'acide chlorhydrique. — *B)* Fabrication du vinaigre de bois. Acide acétique mauvais goût. Acide acétique bon goût. Préparation de l'acide acétique cristallisable.

35ᵉ Leçon. — Propriétés physiques et chimiques de l'acide acétique. Acides chloracétiques. Acétates. Généralités. Acétates de potasse, de soude et d'ammoniaque. Acétate d'alumine.

36ᵉ Leçon. — Acétates de plomb. Acétates de cuivre. Verdet. Vert-de-gris. Vert de Schweinfurt. Caractères analytiques des acétates. Éther acétique. Acide acétique anhydre. Acétamide.

37ᵉ Leçon. — Généralités sur les alcools. Alcools primaires, secondaires et tertiaires. Alcools monobasiques et polybasiques. Alcools homologues de l'alcool ordinaire. Esprit de bois. Alcool amylique.

38ᵉ Leçon. — Éthal. Blanc de baleine. Cires. Cire d'abeilles. Blanchiment artificiel. Usages. Cires diverses. Généralités sur les éthers.

39ᵉ Leçon. — Chlorure de méthyle. Chloroforme. Iodoforme. — Généralités sur les aldéhydes. Aldéhydes primaires. Acétones. — Généralités sur les acides de la série grasse.

40ᵉ Leçon. — Acide formique. Acide valérique. Acides palmitique, margarique et stéarique. — Généralités sur les composés azotés. Ammines et amides.

41ᵉ Leçon. — Généralités sur les carbures d'hydrogène. Carbures forméniques. Gaz des marais. Oléfines.

42ᵉ Leçon. — Éthylène. Synthèse. Préparation. Propriétés. — Principaux carbures homologues de l'éthylène.

43ᵉ Leçon. — Industrie de la paraffine et des huiles minérales. Distillation du lignite, de la tourbe, du boghead, etc. Extraction et distillation du goudron. Rectification des huiles minérales. Utilisation des résidus.

44ᵉ Leçon. — Paraffine. Propriétés et usages. — Pétrole. Formation. Extraction. Propriétés. Produits des raffineries de pétrole.

45ᵉ Leçon. — Gaz d'éclairage. Chargement des cornues. Barillet. Condensation des produits volatils. Laveur. Extracteur. Épuration chimique du gaz d'éclairage. Essai du gaz d'éclairage. Méthode gazométrique. Détermination du poids spécifique. Méthode d'Erdmann.

46ᵉ Leçon. — Gaz au bois. Gaz de tourbe. Gaz à l'eau. — Composés acétyléniques. Acétylène.

47ᵉ Leçon. — Acétylène (*suite*). — Synthèse de la benzine, de l'éthylène, de l'éthane, de l'acide oxalique, de l'acide prussique, etc... — Essence d'ail et de moutarde. Acroléïne. — Acides gras de la 2ᵉ série. Acide oléïque.

48ᵉ Leçon. — Composés camphéniques. Essence de térébenthine. Préparation et propriétés. Camphre artificiel. Terpine.

49ᵉ Leçon. — Carbures isomères de l'essence de térébenthine. Caoutchouc. Vulcanisation. Ébonite. Ivoire végétal. Gutta-percha. Bornéol. Camphre.

50ᵉ Leçon. — Alcools bibasiques. Glycol. Éthers simples et composés. Ammines. Acides monobasiques.

51ᵉ Leçon. — Acide oxalique. Synthèse. Extraction de l'oseille. Préparation artificielle. Propriétés. Oxalates. Oxamide. Acide succinique.

52ᵉ Leçon. — Acide tartrique. Synthèse. Préparation. 1° Procédé de Kestner. 2° Méthode anglaise. Essai des tartres bruts. Modifications allotropiques de l'acide tartrique. Tartrates. Crème de tartre. Émétique.

53ᵉ Leçon. — Acide malique. Préparation et propriétés. Asparagine. — Acide citrique. Préparation. Propriétés et usages. Citrates.

54ᵉ Leçon. — Alcools tribasiques. Glycérine. Formation et préparation. Propriétés. Éthers simples et composés. Nitroglycérine. Dynamite. Stéarines. Margarines. Oléines.

55ᵉ Leçon. — Corps gras naturels. Extraction des huiles : 1° par expression. 2° à l'aide du sulfure de carbone. Épuration des huiles. Action de l'air sur les huiles. Étude des principales huiles végétales. Suif.

56ᵉ Leçon. — Essai des huiles. — Fabrication des savons. Matières premières. Théorie de la Saponification. Fabrication du savon de suif. Empâtage. Salage ou relargage. Coction et liquidation. Moulage.

57ᵉ Leçon. — Savon de Marseille. Savons mous. Savons de toilette. Essai des savons. Dosage de l'eau, des acides gras, des alcalis, des graisses libres, de la glycérine et des corps étrangers.

58ᵉ Leçon. — Fabrication des bougies stéariques. Historique. Préparation des acides gras. — I. Saponification par la chaux. — II. Saponification par l'acide sulfurique. Cristallisation et pressage des acides gras. Chandelles.

59ᵉ Leçon. — Série aromatique. Traitement du goudron de houille. 1° Deshydratation du goudron. 2° Rectification du goudron. 3° Séparation chimique des produits basiques et acides. 4° Deuxième distillation et fractionnement. Traitement des huiles légères, moyennes et lourdes. — Benzine. Synthèse. Préparation et propriétés physiques.

60ᵉ Leçon. — Propriétés chimiques de la benzine. Action du chlore et des acides. Toluène et autres homologues. Isomérie de position.

61ᵉ Leçon. — Nitrobenzines et nitrotoluènes. Aniline Fabrication industrielle. Propriétés et réactions. Sels d'aniline. Anilides.

62ᵉ Leçon. — Phénylammines. Méthylammines. Éthylammines. Composés diazoïques. Phénylènes-diammines. Toluidine. Pseudotoluidine.

63ᵉ Leçon. — Matières colorantes dérivées de l'aniline et de ses homologues. — *A*). Matières colorantes rouges. Fuchsine. Composition du rouge d'aniline. Sels de rosaniline. Mauvaniline. Violaniline. Chrysotoluidine. Cerise. Géranosine. Écarlate. Safranine. Mauvéïne.

64ᵉ Leçon. — *B*). Matières colorantes bleues. — I. Bleu de Lyon : — ⍺) bleu direct B, — β) bleu purifié BB, — γ) bleu lumière BBB et BBBB, — δ) bleus solubles. — II. Bleu de diphénylammine. — *C*). Matières colorantes violettes. 1° phénylées : — *a*) violet rouge; — *b*) violet bleu. 2° méthylées et éthylées : — *a*) violet Hofmann; — *b*) violet de Paris. 3° Obtenues par l'action des agents oxydants.

65ᵉ Leçon. — *D*. Matières colorantes vertes. Vert à l'aldéhyde. Vert à l'iode. Vert soluble. Vert cristallisé. Vert de Paris. Vert malachite. — *E*). Matières colorantes jaunes et brunes. Brun Bismarck. Jaune d'aniline. Brun de Manchester. Chrysoïdine. Tropéolines. — *F*). Matières colorantes noires et grises. — Bases pyridiques. Quinoléïne. Cyanine.

66ᵉ Leçon. — Phénols. Acide phénique. Préparation. Propriétés. Acide picrique. Acide isopurpurique. Grenat soluble. Acide rosolique. Coralline. Aurine. Azuline. Jaune de Fol. Phénicienne. Jaune Victoria.

67ᵉ Leçon. — Pyrocatéchine. Résorcine. Hydroquinon. Quinon. Orcine. — Alcool benzylique. Essence d'amandes amères. Acide benzoïque.

68ᵉ Leçon. — Naphtaline. Synthèse. Préparation. Procédé de Vohl. Nitronaphtalines. Jaune de naphtaline. Jaune français. Naphtazarine. Naphtylammines. Naphtaméïne. Violet et rouge de naphtylammine. Jaune de Martius. Rouge de Magdala. Acide chloroxynaphtalique.

69ᵉ Leçon. — Acides phtaléïques. Phtaléïnes. Fluorescéïne. Éosine. Anthracène. Préparation. Anthraquinon.

Alizarine. Préparation de l'alizarine artificielle. Isopurpurine. Orange d'anthracène. Orange d'alizarine.

70ᵉ Leçon. — Cyanogène. Historique. Production. Propriétés. Prussiate jaune. Fabrication. Matières premières. Théorie de sa formation. Constitution du prussiate jaune. Usages. Bleu de Prusse. Prussiate rouge. Nitroprussiates.

71ᵉ Leçon. — Acide prussique. Cyanures métalliques. Cyanures et cyanates alcooliques. Fulminates.

72ᵉ Leçon. — Sulfocyanates. Urée. Uréïdes. Rouge de murexide. Alcaloïdes animaux.

73ᵉ Leçon. — Alcaloïdes végétaux. Alcaloïdes de l'opium, des quinquinas, des strychnées, etc. Ptomaïnes et Leucomaïnes.

74ᵉ Leçon. — Matières albuminoïdes. Historique. Constitution. Unité substantielle et pluralité spécifique. Caractères généraux des substances albuminoïdes. Étude de l'œuf de poule.

75ᵉ Leçon. — Matières albuminoïdes (*suite*). — Lait. Propriétés. Caractères et analyse. Étude succincte des principaux liquides organiques. Sang, salive, bile, etc.

COMMERCE ET COMPTABILITÉ

(Cours de deuxième année.)

M. CROMBECQ, courtier de commerce, professeur.   45 leçons.

1re Leçon. — LE COMMERCE. Son but et son utilité. Diverses catégories : marchandises, numéraire et valeurs en papier. Commerce intérieur. Commerce extérieur (importation et exportation). Transit. Commission. Intermédiaires : agents et courtiers.

2e Leçon. — Factures; tare et escompte. Comptes de frais. Comptes de fret. Bordereaux d'escompte. Bordereaux de négociation. Échéance commune.

3e Leçon. — Comptes d'achat. Comptes de vente. Connaissement. Charte-partie. Manifeste.

4e Leçon. — Monnaies, poids et mesures des principaux pays; rapports et subdivisions; diverses manières d'en faire les réductions.

5e Leçon. — Achats à l'étranger : 1° Premier coût. 2e Franco bord. 3° Coût fret. 4° Coût, fret et assurance (*caf*). Frais au départ; frais de route; frais à l'arrivée. Responsabilité du vendeur quant au poids et quant à la qualité. Achats sur échantillons cachetés : 1° conforme; 2° sur type. Arbitrages à l'amiable.

6e Leçon. — Achats à l'étranger (*suite*). Modes de paiement : 1° à vue, contre documents; 2° à 3, 60, ou 90 jours de date ou de vue, par traites directes sur l'acheteur; 3° par rembours de banque; 4° par traites documentaires.

7e Leçon. — Achats à l'étranger (*suite*). — Étude des

comptes simulés de revient et des comptes de revient tant à l'importation qu'à l'exportation.

8ᵉ Leçon. — Achats à l'étranger (*suite*). — Compte de revient d'un achat « *premier coût.* »

9ᵉ Leçon. — Achats à l'étranger (*suite*). — Compte de revient d'un achat « *caf.* »

10ᵉ Leçon. — Comptes courants. Leur but et leur usage. Étude de la méthode progressive ou directe.

11ᵉ Leçon. — Comptes courants (*suite*). — Méthode rétrograde ou indirecte.

12ᵉ Leçon. —Comptes courants (*suite*). —Méthode indirecte avec changements de taux d'intérêts. Méthode hambourgeoise.

13ᵉ Leçon. — Comptes courants (*fin*). — Comparaison entre les différents systèmes. Clôture des comptes courants par solde échu et soldes à échoir.

14ᵉ Leçon. — Affaires à livrer et affaires à terme. Dangers de certaines opérations. Marges. Prime. Double prime. Caisses de liquidation.

15ᵉ et 16ᵉ Leçons. — Entrepôts et warrants. Systèmes français, belge, hollandais et anglais. Étude spéciale du système londonien. *Weighnote* anglaise. *Deposit-Cash. Prompt.* Cédules.

17ᵉ Leçon. — Droits d'entrée et droits de sortie. Droits d'accise. Systèmes d'impositions : 1° par « prise en charge »; 2° « à l'exercice ». Terme de crédit. Décharge. Préemption et confiscation. Tarification. Rendement. Cession de droits.

18ᵉ Leçon. — ASSURANCES. Origine des assurances. Assurances maritimes : Police; prime; avenant. Avarie particulière. Avarie grosse ou commune. Vice propre. Risque de guerre. Baraterie. Cumul.

19ᵉ Leçon. — Relâches. Échelles. Abordages. Échouement. Abandon. Polices française, anversoise, anglaise, hambourgeoise, etc., comparées. Franchise. Expressions : franc d'avarie particulière; franc des.... premiers %, etc.

20ᵉ Leçon. — Du commencement et de la fin du risque. Manière de constater le degré d'avarie particulière. Risques et frais de quarantaine. Séries. Police d'honneur. Assurances contre incendie. Assurances sur la vie.

21ᵉ Leçon. — CHANGES. Lettre de change. Acceptation. Endossement. Provision. Retraite. Aval. Au besoin. Ducroire. Timbre. Mandat. Chèque.

22ᵉ Leçon. — Lettre de crédit. Délégation. Billet à ordre; règlement. Traites sur l'Allemagne : « *nur zum accept bestimmt.* » Recouvrement sur l'Allemagne par « *giro conto.* » Chèques « *croisés* » sur l'Angleterre.

23ᵉ Leçon. — Cours de change des places de Paris, Londres, Anvers, Amsterdam, Hambourg, Madrid, etc., les unes sur les autres. Cotes à vue et cotes à terme.

24ᵉ Leçon. — *Continuation de la leçon précédente.* — Change de New-York, Rio, Buenos-Ayres, Bombay, Java, Singapore, etc., sur l'Europe. Changes directs et changes indirects. Causes de la variation des cours de change.

25ᵉ Leçon. — Prêts et emprunts commerciaux. Escompte hors banque. Intérêts en dedans. Intérêts composés. Placements annuels.

26ᵉ Leçon. — Étalon. Valeur relative de l'or et de l'argent. Papier monnaie. Cours forcé. Arbitrages.

27ᵉ Leçon. — FONDS PUBLICS. Fonds publics et rentes. Intérêts en dehors et intérêts compris. Calculs des fonds. Comparaison entre les places de Paris, Vienne, Londres, Berlin, Anvers, etc.

28ᵉ Leçon. — Dettes flottantes et dettes constituées. Opérations de bourse: 1º au comptant; 2º à terme et ferme; 3º à terme et à prime.

29ᵉ Leçon. — De la liquidation. Report. Déport. Prime et abandon.

30ᵉ Leçon. — Émission des emprunts. Actions et Obligations. Dividende. Billets de banque.

31ᵉ Leçon. — COMPTABILITÉ. Principes. Lois et usages. Comptabilité en partie simple comparée avec la comptabilité en parties doubles. Le journal. Le grand livre. Le livre d'inventaire. Le copie de lettres.

32ᵉ Leçon. — Facturiers. Magasinier. Livre de caisse. Livre à souches. Livre de fonds publics. Livre de copie de lettres de change. — Livre de comptes courants, etc.

33ᵉ Leçon. — Comptes particuliers et comptes généraux. Débit et Crédit. Entrée et sortie.

34ᵉ Leçon. — Exercices pratiques préliminaires.

35ᵉ Leçon. — Exécution d'un ordre d'achat pour compte d'un commettant.

36ᵉ Leçon. — Achat sur place de marchandises dont la destination est la vente à l'étranger pour notre propre compte.

37ᵉ Leçon. — Marchandises reçues en consignation.

38ᵉ Leçon. — Achat de marchandises à l'étranger et vente sur place ou ailleurs, le tout pour compte d'un tiers, par notre intermédiaire, mais sans notre participation.

39ᵉ Leçon. — *Suite de la leçon précédente.* — Achat de marchandises sur une place étrangère, et vente sur la même place pour notre compte.

40ᵉ Leçon. — Comptes en participation ; diverses hypothèses.

41ᵉ Leçon. — *Continuation de la leçon précédente.* — Marchandises avec escompte ; Marchandises sans escompte.

42ᵉ Leçon. — Transferts. Pointage. Recherche des erreurs. Balances.

43ᵉ Leçon. — Clôture. Bilan.

44ᵉ Leçon. — Tenue de livres. Comparaison avec d'autres systèmes notamment avec la méthode américaine.

45ᵉ Leçon. — Frais généraux. Épargne. Droits et devoirs. Comptabilité intérieure d'atelier. Établissement des prix de revient.

De nombreuses applications sont faites au cours de l'enseignement.

GÉOGRAPHIE COMMERCIALE

(Cours bisannuel, commun aux élèves des deux années.)

M. SELOSSE, docteur en droit, professeur.   30 leçons.

1ʳᵉ Leçon. — Idée générale et principes de la géographie commerciale.

2ᵉ Leçon. — De l'organisation administrative française par rapport au commerce.

3ᵉ Leçon. — Institutions commerciales de la France.

4ᵉ Leçon. — Suite de la précédente.

5ᵉ Leçon. — De la population en France et en Europe.

6ᵉ Leçon. — Culture alimentaire en France.

7ᵉ Leçon. — Suite de la précédente.

8ᵉ Leçon. — Culture mixte, alimentaire et industrielle.

9ᵉ Leçon. — Suite de la précédente.

10ᵉ Leçon. — Culture industrielle.

11ᵉ Leçon. — Viticulture.

12ᵉ Leçon. — Silviculture.

13ᵉ Leçon. — Mines et carrières.

14ᵉ Leçon. — Production animale.

15ᵉ Leçon. — Production minérale. Fer et autres métaux. Matériaux de construction.

16ᵉ Leçon. — De l'industrie française. Caractères généraux ; classification.

17ᵉ Leçon. — Industrie métallurgique. Différentes branches.

18ᵉ Leçon. — Industrie céramique.

19ᵉ Leçon. — Industrie alimentaire.

20ᵉ Leçqn. — Industrie textile.

21ᵉ Leçon. — Industries dérivant du règne animal (industries alimentaires, laines et soies, cuirs, etc....)

22ᵉ Leçon. — Industries diverses pour la toilette l'ameublement, l'instruction, etc....

23ᵉ Leçon. — Du commerce français. Institutions générales : banques publiques et privées; postes et télégraphes.

24ᵉ Leçon. — Moyens de communication. Routes, canaux.

25ᵉ Leçon. — Chemins de fer.

26ᵉ Leçon. — Du mouvement commercial à l'intérieur. Principaux centres et marchés.

27ᵉ Leçon. — *Suite de la précédente.* — Navigation maritime.

28ᵉ Leçon. — Mouvement commercial extérieur.

29ᵉ Leçon. — Statistique comparée.

30ᵉ Leçon. — Révision et examen.

HISTOIRE NATURELLE

APPLIQUÉE A L'INDUSTRIE

(Cours bisannuel commun aux élèves des deux années d'études industrielles.)

M. Charles MAURICE, docteur ès sciences, professeur.   30 leçons.

1re Partie : **GÉOLOGIE** 10 leçons.

1re Leçon. — NOTIONS GÉNÉRALES SUR LA COSMO-GONIE ET L'ORIGINE DE LA TERRE. — Concordance des données de la science avec l'histoire de la création de la Genèse. Les sept jours de la Création. But de la géologie. Distribution réelle du relief sur le globe. Relief des continents et relief du fond des Océans. Notions sur les diverses théories géogéniques.
EXPLICATION DES DÉPOTS ANTÉRIEURS PAR L'ÉTUDE DES CAUSES ACTUELLES. — *Action du vent.* Dunes ; leur mode de formation. Des diverses natures de sable. Des déserts. — *Action de la mer.* Puissance des vagues. Formation des galets. Plates-formes littorales. Érosions marines. Falaises. — Appareils littoraux. Levées de galets et de sable. Terrain conquis sur la mer. Lagunes. Dépôts des plages et dépôts d'eau profonde. Exemples choisis sur nos côtes. — Évaporation de l'eau de mer. Substances dissoutes : sel, iode, soude. Marais salants.
2e Leçon. — ÉTUDE DES CAUSES ACTUELLES (*suite*). — *Actions des eaux courantes.* Précipitations atmosphériques. Influence de l'altitude et du relief. Ruissellement des eaux à la surface de la terre. — Des torrents ; leur étude ; dépôts

qu'ils effectuent. — Action mécanique des cours d'eau. Travail de creusement : cânons, causses et gorges; cascades, chutes du Niagara. — Alluvionnement. Travail des fleuves à leur embouchure. Estuaires, barres et deltas. Exemples. — *Nappes souterraines et sources.* Niveaux d'eau; nappes artésiennes. Puits artésiens de Paris. Grottes. Exemples. — *Action chimique des eaux continentales.* Pouvoir dissolvant de l'eau pure. Son utilité pour extraire des argiles le sel et le gypse. Pouvoir de l'eau chargée d'acide carbonique. Altération des roches silicatées, granite, gneiss; des schistes et quarzites, des calcaires; dolomisation. Altération de la craie et formation de certains phosphates. Apparence de ravinement des dépôts altérés. — *Phénomènes de dépôt.* Stalactites et Stalagmites. Grès ferrugineux. Alios. Géodes.

3e Leçon. — ÉTUDE DES CAUSES ACTUELLES (*suite*). — *Des glaciers.* Transformation de la neige. Névé. Mouvements de la glace; lois de la progression des glaciers. Bandes boueuses, crevasses, tables de glaciers, moulins, grottes. — Effets de transport des glaciers. Avalanches. Moraines. Cailloux et roches striées. Blocs erratiques. — Exemples de glaciers. Foehn. Glaces polaires. Glaces flottantes. Fjords et Lochs.

DYNAMIQUE INTERNE. — *Phénomènes thermiques.* Température dans les mines. Du degré géothermique; des causes de sa variation. Grands souterrains; tunnels du Mont-Cenis et du Saint-Gothard. — *Des sources thermo-minérales.* Eaux incrustantes; matières qu'elles tiennent en dissolution. Exemples.

4e Leçon. — DYNAMIQUE INTERNE (*suite*). — *Des Volcans.* Leur structure : cratère, cône de déjections. — Matériaux projetés par les volcans : Flammes, vapeur d'eau, lapillis, bombes, cendres et scories, boue, laves; écoulement de la lave. — Principaux volcans : Vésuve, Etna, Stromboli, volcans des îles Sandwich, Krakatoa, de la Cordillère. — Volcans marins : Ile Julia, Santorin, Néakaméni. — Volcans éteints. — *Phénomènes geysériens.* Solfatares. Salses et moffettes; sources de naphte et de pétrole du Caucase; sources d'huile minérale des États-Unis et de Chine. Mer morte. Origine des émanations. — Geysers. Explication du phénomène physique des geysers. Dépôt de silice, geysers de l'Islande et de la Nouvelle-Zélande.

5ᵉ Leçon. — DYNAMIQUE INTERNE (*suite*). — Notions sur les tremblements de terre; leurs effets, leurs causes. Ondulations de l'écorce terrestre; déplacement des rivages; exemples. — Dislocations du globe. Plis et cassures; failles. Age des dislocations. Formation des montagnes; aperçu sur les principales chaines de montagnes : Alpes, Jura, Pyrénées, Apennins, Himalaya, Apalaches, Montagnes Rocheuses. — Théories géogéniques; notions sur les divers systèmes proposés.

TEMPS AZOÏQUES. — Formation de la croûte primitive de la terre. Océan primitif. — Éléments pétrographiques du terrain primitif. Composition des Gneiss et des Micaschistes. Silice libre : Quartz et ses dérivés. Silicates doubles d'alumine : Micas et Feldspath; Aluminium, Émeri. Aluns. Grenat. Mâcle et Staurotide de Bretagne. Silicates magnésiens : Pyroxène, Amphibole, Talc, Écume de mer et Stéatite. Péridot. Serpentine et Chrome. Marbre saccharoïde et graphite. Magnétite et fer oligiste. Phyllades. Régions principales où l'on rencontre le terrain primitif : Bretagne et Cotentin. Plateau central, Vosges, Bavière, Alpes, Bohême, Grande Bretagne, Amérique du Nord. — Division du terrain primitif en deux étages. Premières traces d'êtres organisés. Éozoon canadense.

6ᵉ Leçon. — FORMATIONS D'ORIGINE INTERNE OU ÉRUPTIVES. — Roches éruptives. Métamorphismes d'influence ou de contact. Détermination de l'âge des roches éruptives. Chronologie des éruptions. Série ancienne et série moderne des éruptions. Caractères tout différents de la nature des roches de l'une ou de l'autre série et conclusions qu'on en peut tirer. — *Série éruptive ancienne.* Du granite et de ses nombreuses variétés. Protogine des Alpes.

Pegmatite des Pyrénées. Diabases de la Grande Bretagne. Syénites. Kersanton de Bretagne. Mont Saint-Michel. Porphyres et Mélaphyres des Vosges et de l'Esterel. Porphyroïdes et Amphibolites des Ardennes. Porphyres du Brabant (Quenast, Lessines). Granulites tourmanilifères. Serpentine du Plateau central. Kaolin et Pegmatite du Limousin. — Tyrol. Hartz, Bohême, Norwège. Utilisation de ces diverses roches. — *Série éruptive moderne.* Trachytes, Leucytophyres et Dolérites. Basaltes et Tufs. — Domite des Puys d'Auvergne. Phonolithe du Velay. Ophite des Pyrénées. Tuf du Pausilippe. — Liparite et roches siliceuses des îles Liparis; Obsidienne et Ponce. Labradorite à Labrador de l'Etna et de Santorin. Scories de l'Eifel. Lac de Laach. Siebengebirge. Rhyolithe avec Opale de Hongrie. Islande, Montagnes Rocheuses et Cordillères.

7e Leçon. — GITES MINÉRAUX ET MÉTALLIFÈRES. — Gîtes stratifiés, en amas et en filons. Principales catégories de filons. Considérations théoriques. — *Gîtes d'émanation directe.* Gîtes stannifères en Saxe et en Bohême. Gisements d'étain du Limousin, de Cornouailles. Rôle du Fluor, Kaolin. Filons titanifères. Cassitérite, Étain. — *Gîtes de départ.* Gîtes cuprifères. Pyrite de cuivre. Minerais de Toscane, du Rhône, de Norwège, de l'Oural. Gîtes nickelifères de Norwège et du Nassau. Minerais de platine de l'Oural. Gîtes de cuivre avec argent natif du Lac Supérieur. Mines de Cinabre (mercure) d'Almaden. — *Gîtes concrétionnés.* Filons plombifères. Gîtes calaminaires. Galène et Blende. Plomb et Zinc. Laiton. Filons du Hartz, de Bohême, Saxe, Espagne. Hypothèse pour la formation des mines de gypse et de sel gemme (Stassfurt). — *Gîtes solfatariens.* Filons aurifères et argentifères du Colorado et de Californie, de Transylvanie. Filons de quartz aurifère d'Australie et alluvions formées à leurs dépens. Bismuth. Diamant. Ophite du Cap et alluvions du Brésil. — *Minerais de fer.* Fer oligiste au voisinage des massifs granitiques : Ile d'Elbe, Norwège, Hartz. — Limonite ou fer oolitique dans les terrains sédimentaires, Normandie,

Bourgogne, Lorraine, Franche-Comté. — Oxyde de fer magné-
tique en bancs dans les terrains granitiques, Monts Ourals,
Norwège, Piémont, Hongrie. Aimant naturel. — Fer spa-
thique ou sidérose du terrain houiller, Saxe, Bohême,
Pyrénées, Tyrol, Bretagne. Pyrites. — Météorites. — Distribution des parties riches dans les filons.

8ᵉ Leçon. — TEMPS PALÉONTOLOGIQUES. — Généralités sur les roches sédimentaires. De la stratification.
Stratification concordante et stratification discordante. Stratification transgressive. Plissements et failles. Notions sur
le synchronisme et l'équivalence des assises. Emploi de la
paléontologie. Espèces caractéristiques.

PÉRIODE PRIMAIRE. — *Ère des Trilobites*. Graptolites,
Trilobites et Euryptérides Crinoïdes. Brachiopodes. Nau-
tilides. Goniatides. Poissons hétérocerques. Labyrintho-
dontes. Notions sur le métamorphisme régional. Schistes,
grès et calcaires. — *Cambrien*. Faune primordiale. Schistes
ardoisiers. Schistes à coticule et schistes à pyrite jaune.
Quartzites. Aperçu général sur l'Ardenne. Hautes Fanges.
Ardoises de Fumay, de Revin, de Deville. Cambrien du
Maine et de l'Armorique. Pays de Galles. Scandinavie.
Immense développement de cette assise en Amérique. –
Silurien. Règne des Trilobites. Étude du Silurien en Bohême.
Ardoises d'Angers, Angleterre, Écosse, Bretagne, Belgique,
Espagne, Russie. — *Dévonien*. Règne des Spirifers. Pou-
dingue, arkose, Psammites. Grauwacke. Calcaires marbres.
Dévonien ardennais. Monts Hercyniens, Bretagne. Anjou,
Angleterre, Écosse, Hartz, Russie.

9ᵉ Leçon. — PÉRIODE PRIMAIRE (suite). — *Permo-
carbonifère* et *houiller*. Règne des Productus. — 1) Calcaire
carbonifère. Pierre de tailles et marbres estimés. Marbres
du Boulonnais, de Marquise, des environs d'Avesnes, de
Belgique. Marbres griottes. Mayenne. — 2) Terrain houiller.
Formation de la houille. Végétaux qui l'ont constituée :
Fougères, Lycopodiacées, Équisétacées, Gymnospermes. Conditions d'existence de ces végétaux. Climat qu'ils suppo-

saient. Conclusion que l'on peut tirer de leur présence au voisinage du pôle. — Bassin houiller franco-belge. Notions sur sa structure générale. Bassin de la Ruhr. Bassin de la Sarre. Houiller d'Angleterre. Bassin de la Loire et celui de l'Aveyron. Étendue du terrain houiller en Russie. Apalaches. Nouvelle Écosse. Ile des Ours et Spitzberg. — 3) Permien. Grès. Vosges. Saxe. Bourgogne.

PÉRIODE SECONDAIRE. — *Ère des Reptiles.* Ammonites. Belemnites. Poissons ganoïdes. Reptiles, lézards, crocodiles. Iguanodon. Ichthyosaures. Plésiosaures. Ptérodactyles. Premiers oiseaux. Archéopteryx. Premiers mammifères. Insectivores. — *Trias.* Règne des Cératites. Grès bigarré des Vosges. Gypse et Sel gemme de Dieuze et Chateau-Salins. Alpes du Tyrol. — *Jurassique.* Règne du Phascolotherium. Pierres de tailles. Ciments naturels. Minerais de fer. Marnes et argiles. Calcaires. Boulonnais. Jura. Alpes. Ardennes. Normandie. Allemagne. Récifs de coraux. Du Corallien. — *Crétacé.* Règne des Rudistes. Formation de la craie. Rhizopodes : Globygérines. Argiles. Sables verts. Gaize de l'Argonne. Boulonnais. Artois. Champagne. Touraine. Dauphiné. Provence. Allemagne. Algérie. Palestine. Amérique du Nord. Groënland. Altération de la craie par l'eau chargée d'acide carbonique. Formation de la Dolomie et de certains phosphates. Phosphates de la Somme (environs de Doullens, Orville, Beauval); du Cambrésis (vallée de la Selle près Le Cateau ; des environs de Mons (Ciply). Apparence de ravinement des depôts altérés. Comparaison de ces phosphates disséminés dans la roche avec les phosphates concrétionnés en nodules. Coprolites. Phosphates de l'Artois (Pernes, Fléchin, Audinethum, du Boulonnais, de l'Aisne, des Ardennes (Grand Pré) et de l'Argonne. Tun des environs de Lille.

10ᵉ Leçon. — PÉRIODE TERTIAIRE. — *Ère des Ongulés.* Mollusques gastéropodes. Nummulites. Insectes. Poissons osseux. Oiseaux. Mammifères. Tapirs. (Lophiodons, Paleothérium). Hipparions. Cochons. (Anthracotherium). Anoploterium. Xiphodon. Proboscidiens. (Mastodonte, Éléphants, Dinothérium). Carnassiers (Ours, Amphicyon, Machairodus). Notions sur le bassin de Paris. — *Éocène*. Règne des Nummulites et des Tapiridés. Sables, Argiles. Lignites du Soissonnais avec Pyrite (Marcassite). Pierre de Creil et de Chantilly. Calcaire grossier. Caillasses. Gypse. Albâtre. Argile des Flandres. Collines des environs de Bruxelles, de Cassel, du Mont des Cats, du Mont Saint-Aubert près Tournay. Argile de Londres. Dauphiné. Bassin de Provence. Bassin de l'Aquitaine. Phosphorites du Quercy. Terrain sidérolithique avec minerai de fer du Berri. Carpathes, Balkans, Inde, Chine. — *Miocène*. Règne des Anthracotherium. Calcaire d'eau douce de la Brie. Sables de Fontainebleau. Calcaire de Beauce. Meulière des environs de Paris. Molasses d'Aquitaine. Faluns de Touraine et d'Anjou. Ambre. Languedoc. Allemagne. Hongrie. — *Pliocène*. Règne des Proboscidiens. Calcaire de l'Orléanais. Sables et graviers. Crag d'Anvers. Marnes. Saône. Morvan. Volcans d'Auvergne. Plateau Central. Couches d'eau douce à Hipparion. —

PÉRIODE QUATERNAIRE. — *Ère humaine*. Mammouth. Rhinocéros à narines cloisonnées. Ours des cavernes. Bœuf musqué, Bison, Hyène, Lion, Mégatherium, Glyptodon, Homme. — *Terrain dilurien*. Règne du Mammouth. Diluvium, loess et limon. Graviers. Premières traces de l'homme sur la terre. Ses premières habitations. Cavernes des Pyrénées et du Périgord. Silex taillés. Conditions climatologiques à l'époque quaternaire. Abondance des précipitations atmosphériques. Pluies et neiges. Creusement des vallées actuelles. Grande extension des glaciers. Hypothèses pour l'expliquer. — *Terrain récent*. Règne de l'homme. Développement de la civilisation. Cités lacustres. Age de la pierre polie. Age du bronze et du fer. Changements de climat depuis la période historique. Considérations sur la durée des périodes géologiques.

2ᵉ Partie : **BOTANIQUE** 10 leçons.

1ʳᵉ Leçon. — Notions générales sur la classification. *Ferments ou Levûres.* De la fermentation. Des boissons fermentées. Levûre de bière. Des qualités qu'elle doit présenter; son étude au microscope. Résumé des diverses opérations de la brasserie : Production de la diastase par la germination du grain d'orge, maltage, transformation de l'amidon en glucose sous l'influence de la diastase à chaud. Utilité du houblon pour éviter la fermentation acide; fermentation alcoolique à l'aide de la levûre. Variétés de levûres : fermentation par le haut et fermentation par le bas. — Cidres; poirées. — Fermentation du vin. Panification. Ferment employé en distillerie. Ferment des fruits. Ferment du rouissage. Coloration par l'Indigo. — *Microbes.* Nature végétale des microbes. Leur petitesse extrême. Microbe du vinaigre. Microbes des maladies du vin. Fermentation lactique; fermentation butyrique du beurre et du fromage. Fermentation putride et cadavérique : faisandage. Microbes producteurs du salpêtre. Microbes destructeurs des matériaux de construction. Autres exemples de Microbes. Microbes chromogènes. Microbe de la calvitie. Microbe de la germination des plantes, et de la terre végétale, etc

2ᵉ Leçon. — *Microbes des maladies des animaux domestiques.* Charbon. Choléra des poules. Rouget des porcs. Rage. Morve. Pébrine et Flacherie, deux maladies des vers à soie. — *Microbes des maladies de l'homme.* Microbes de l'air, du sol et des eaux. Microbes de la bouche et du canal digestif de l'homme en bonne santé. Microbe virulent de la salive de l'homme sain. Fièvres intermittentes. Fièvre typhoïde. Choléra. Scarlatine. Variole et Rougeole. Vaccine — Croup, Coqueluche et Grippe. Bacille de la Phtisie. Lèpre. Pneumonie. Érysipèle. Cancer. Tétanos. — Travaux de l'Institut Pasteur. Théorie des Phagocytes de Metschnikow. Mode d'action des Microbes dans les maladies. Des Ptomaïnes et de leur présence occasionnelle dans les conserves alimentaires.

3ᵉ Leçon. — PLANTES CELLULAIRES. — *Cryptogames cellulaires amphigènes.* — *Champignons.* Champignons entophytes ou parasites des végétaux. Rouille du blé et des graminées. Ergot de seigle. Champignons parasites de la vigne : l'oïdium, le mildiou. Maladie des pommes de terre. Champignons entomophages ou destructeurs des insectes. Champignons destructeurs du bois. Agaric comestible, sa multiplication, sa culture. Polypores. Préparation de l'amadou. Truffes. — *Algues.* Diatomées. Tripoli. Son emploi dans la fabrication de la dynamite. Coralline. Mer des Sargasses. Multiplication des algues. Nostocs. Laminaires et Fucus. Varech, son emploi comme engrais. Fabrication de la soude et de l'iode à l'aide d'algues marines. Algues comestibles et algues employées comme combustible. — *Mycomycètes.* Fleur de tan. — *Lichens.* Leur structure. Orseille.

4ᵉ Leçon. — *Cryptogames cellulaires aérogènes.* — *Mousses et Hépatiques.* — Végétation et multiplication. Des sphagnums et de la formation des tourbières. Composition chimique de la tourbe. Conditions physiques nécessaires à la formation de la tourbe. Tourbières des plaines : Irlande. Tourbières des hauts plateaux : Jura. Tourbières des vallées : vallée de la Somme. Tourbières des forêts et de bois flottés : Mississipi, Indo-Chine. Différence essentielle entre le mode de formation de la tourbe et celui de formation de la houille.

PLANTES VASCULAIRES. — *De la cellule végétale.* Du tissu cellulaire et de la cellulose. Composition de la cellulose ; de ses relations avec l'amidon ; son emploi pour la fabrication du papier. Fabrication à l'aide de l'Alfa ; fabrication à l'aide du Papyrus du Nil ; la cellulose dans les vieux chiffons.

5ᵉ Leçon. — *De la cellule végétale (suite).* — Des produits cellulaires. Chlorophylle. Amidon. Inuline. Tannin. Sucre. Matières grasses. Matières cireuses. Huiles essentielles.

Notions sur l'extraction des huiles. Huiles alimentaires et médicamenteuses. Huiles de grains. Des résines et des baumes. Latex. Caoutchouc. Alcaloïdes. Gommes. Poils et glandes des plantes. — *De la tige*. Sa formation et sa structure. Écorce et liège. Du cambium et du faisceau. Bois et liber. Système ligneux et système cortical. Fibres ligneuses et fibres libériennes. Des fibres libériennes du lin et du chanvre. Du rouissage. Anatomie de la tige avant et après l'opération du rouissage.

6ᵉ Leçon. — *De la racine*. — Différence entre la racine et la tige dans la disposition des faisceaux. — *Des feuilles*. De la Chlorophylle; sa fonction. Fixation du carbone et formation d'amidon. Respiration des plantes. Des stomates. Transpiration des plantes. — *Des fleurs*. Diagrammes généraux des fleurs. Fleur des Angiospermes et des Gymnospermes. Angiospermes monocotylédonées et dicotylédonées. — *Fruits et graines*. Principaux types. Des cotylédons et de la germination.

7ᵉ Leçon. — *Cryptogames vasculaires*. Equisetum. Lycopodes. Selaginelles. Fougères. Génération alternante. Cryptogames vasculaires des terrains primaires qui ont formé la houille. Calamites. Lepidodendron. Sigillaria. Conditions climatériques que supposaient ces plantes. Des diverses hypothèses admises pour expliquer la formation de la houille. Rapidité de sa formation. — *Phanérogames monocotylédones*. Graminées. — Blé. Seigle. Avoine. Maïs. Alfa; ses conditions d'existence. Sorgho. Canne à sucre ; sa culture. Bambous. Joncs. Riz. Phormium. Semoule de froment et de riz. — Aroïdées. — Palmiers et dattes. Conditions de vie des Palmiers. Nattes et chapeaux. Cocotier, huile de palme; Sagou. — Anomacées; Gingembre, maranta, arrowroot. — Liliacées; Oignon, ail, lis, asperge. — Amaryllis et Agave. — Iris et safran. — Bromeliacées : Ananas. — Musacées : Bananiers, Chanvre de Manille. — Orchidées : Salep, Vanille. — Lemnas. Zostères.

8ᵉ Leçon. — *Phanérogames dicotylédones*. — *Gymnospermes*.

— Conifères. Résines et goudron; leur récolte. Benzine. Vernis. Pins et Sapins. Araucariâ. Cyprès. Genévrier.

— *Angiospermes. Dialypétales pérygynes.* Amentacées : Arbres de nos forêts : Aulne, bouleau, châtaigner, hêtre, chêne, saule, peuplier, noyer. — Légumineuses : Mimosa, acacia, sainfoin, lupin et trèfle, pois, haricot, fève. Bois d'ébénisterie : Palissandre, bois de rose. Bois tinctoriaux : Bois de Campèche, etc... Arachide. Réglisse. — Rosacées : Amandier, poirier, pommier, prunier, cerisier, épine, spirée, rosier, fraisier, framboisier. — Myrtacées : Myrte, eucalyptus. — Lauracées : Canelle, camphre, laurier. — Cucurbitacées : Melon, cornichon, concombre, begonia, coloquinte. — Santalinées : gui, santal. — Ombellifères : Ciguë, carotte, céleri, persil, cerfeuil, anis. — Grossulariées, groseiller. — Saxifragées. — Crassulinées : Plantes grasses des jardins. — Cactées : Figue de Barbarie, nopal plante nourricière de la Cochenille. — Caryophyllées : Stellaire, silène, bête, épinard, œillet.

9e Leçon. — *Dialypétales hipogynes.* Polygonées : Oseille, rhubarbe, blé sarrasin, indigo. — Urticinées : Arbre à pain, figuier, caoutchouc et gutta percha, murier, chanvre, houblon, orme. — Piperinées : Poivrier. — Renonculacées : Renoncule, anémone, ancolie. — Papaveracées : Opium, œillette. — Crucifères : Chou, navet, radis, colza, cameline, moutarde, navette. — Resedacées. — Violacées : Pensée, violette. — Ampelidées : Vigne et ses variétés. — Hespéridées : Oranger, limonier, cédratier. — Térébinthinées : Ailante, quassia, pistachier. — Géranioïdées : Géranium, balsamine. — Linées : Lin, ses diverses variétés. — Euphorbiacées : Manihoc (tapioca), croton (huile). — Malvoïdées : Cacaotier, récolte du cacao; cotonnier, diverses variétés de coton; tilleul, baobab, jute, mauves.

10e Leçon. — *Gamopétales hipogynes.* Oléinées : Frêne, lilas, olivier, extraction de l'huile. — Primulacées. — Labiées : Sauge, menthe, romarin, thym, teck de l'Inde. — Scrophulariacées : digitale. — Bignoniacées : huile de Sé-

same. — Solanées : tabac, tomate, pomme de terre, piment.
— Borraginées : myosotis, héliotrope, benjoin. — Asclé-
piadées : gentiane. — *Gamopétales périgynés.* — Rubiacées :
quinquina, caféier, garance, ipecacuhana. — Lonicerinées :
chèvrefeuille. — Composées : artichaut, cardon, laitue,
chicorée, salsifis. Composées tinctoriales. Composées orne-
mentales : reine-marguerite, dahlia, pyrèthre, chrysan-
thème, cardon à foulon, pissenlit, arnica. — Campanulacées :
lobelia.

3ᵉ Partie : **ZOOLOGIE.** 10 leçons.

1ʳᵉ Leçon. — Notions générales sur la classification. —
1° PROTOZOAIRES. — *Amibes.* — *Grégarines.* — *Noctiluques*
et phosphorescence de la mer. — *Foraminifères* et formation
de la craie. — *Radiolaires.* — *Infusoires.* — 2° COELENTÉRÈS.
— *Spongiaires.* Éponges calcaires. Éponges siliceuses. Éponges
fibreuses ou cornées. Conditions de vie et récolte des éponges
du commerce.

2ᵉ Leçon. — COELENTÉRÈS (*suite*). — *Anthozoaires.* —
Alcyon, permatule et gargone. Actinie ou anémone de mer.
Madrépores. Corail et polypiers. Étude du corail. Récifs
coralliens. Atolls ou iles lagunes, récifs barrières et récifs
frangeants. De la croissance des récifs de corail. Théories
relatives à la formation des récifs coralliens. Leur distribution
géographique. — Hydroméduses. Tubulaires. Siphonophores.
Vélelle. Méduses. Cténophores.

3ᵉ Leçon. — 3° VERS. — 1) *Vers plats.* — Cestodes.
Tænias. Ver solitaire et sa phase cysticerque chez le porc
ladre. Tænia inerme chez l'homme et le bœuf. Tænia échi-
nocoque chez l'homme et le chien. Tænia cœnure ou tournis
du mouton. Botriocéphales. — *Trématodes.* Douve du foie
des moutons. Bilharzia du sang. — *Turbellariés.* — *Némer-
liens.* — 2) *Vers ronds.* — *Nématodes.* Ascarides de l'homme et
du cheval. Strongyles et ozyures. Trichine. Filaire. Nématode

de la betterave. Échinorhynches. — *Rotifères*. — *Géphyriens*. — *Annélides*. Sangsue. Lombric. Arénicole. Serpule. — *Bryozoaires*. — *Brachiopodes*. Lingule. Spirifer. Térébratule.

4ᵉ **Leçon.** — 4° ÉCHINODERMES. — Encrine et comatule. Étoiles de mer. Oursins. Holothuries. — 5° MOLLUSQUES. — *Lamellibranches*. Asiphoniens : huîtres et perles. Pecten. Moules. — Siphoniens : cardium, rudiste, pholade et taret. — Nacre. — *Scaphopodes*. Dentale. — *Gastéropodes*. Prosobranches. Chiton. Patelle. Haliotis. Buccin. Natice. — Hétéropodes. Carinaire. — Pulmonés. Limnée. Hélice. Limace. — Opistobranches. Aphysie. Doris. — Ptéropodes. — Céphalopodes. Ammonites et Nautiles. Argonaute et Poulpe. Seiche et Bélemnite. — 6° ARTHROPODES. — *Crustacés*. Phyllopodes. Apus. Daphnie. — Copépodes. Cyclops. Copépodes parasites. — Cyrripèdes. Balane. Anatife. — Amphipodes. Gammarus. Talitre. — Isopodes. — Stomatopodes. Squille. Podophthalmes. Crabes. Écrevisse. Crevette. Homard. — Mérostomates. Limule. Trilobites.

5ᵉ **Leçon.** — ARTHROPODES (*suite*). — *Arachnides*. Scorpions et araignées. Sarcopte de la gale. — *Myriapodes*. — *Insectes*. — *a*). *Orthoptères*. Grillons, blattes, forficules, sauterelles, leurs mœurs en Algérie. — *b*). *Névroptères*. Libellules. Éphémères. Termites. Fourmi-lion. — *c*). *Hémiptères*. Poux. Ricin du cheval et du chien. Coccus ou Cochenille. Production du carmin et de la laque. Production de la cire dite végétale. — Pucerons. Étude du Phylloxera de la vigne et de ses mœurs. Punaises. Réduves. Cigale. — Thysanoures : Lepisme du sucre. Podurés.

6ᵉ **Leçon.** — ARTHROPODES (*suite*). — *Insectes* (*suite*). — *d*). *Diptères*. Puces, Cousins, Mouches, OEstres des animaux domestiques. Hippobosque du cheval. Taon. Lucilia hominivora. — *e*). *Lépidoptères*. Chenilles. Chrysalides et Papillons. Bombyx. Vers à soie. Son élevage et ses maladies. Filière des vers à soie. Comparaison avec les araignées. Diverses espèces de Bombyx séricigènes dont on a essayé l'acclimatation. Phalènes et Micros. Pyrale de

la vigne., Teigne des étoffes. Teigne des grains. Aglosse de
la farine. Sphynx. Cossus. Noctuelles nuisibles à l'agriculture. Papillons diurnes.

7ᵉ Leçon. — ARTHROPODES (*suite*). — *Insectes*
(*suite*). — *f*. *Hyménoptères*. Hyménoptères porte-aiguillons :
Fourmis. Guêpes. Abeilles. Production du miel et de la cire.
Leur récolte. Bourdons. — Hyménoptères térébrants :
Galles. Noix de galle. Ichneumons. Mouches à scie. —
g). *Coléoptères*. Hannetons et vers blancs. Cantharides à
vésicatoires. Mylabris. Meloe. Charançon du blé. Lucane
cerf-volant. Silphe opaque. Ateuchus sacré. Bousiers.
Nécrophores. Tenebrio de la farine. Coccinelle. Doryphora
de la pomme de terre. Hydrophile. Lampyre. Scolites
destructor. — Insectes utiles ou nuisibles à l'agriculture et
aux arbres forestiers.

8ᵉ Leçon. — 7° TUNICIERS. — 8° VERTÉBRÉS. — *a*)
Poissons. Acraniens. Amphioxus. — Cyclostomes. Lamproie.
— Sélaciens. Chimère. Squales. Requin et Raie. —
Ganoïdes. Esturgeon. Caviar et colle de poisson. Lépidortée
et Polyptère. — Poissons osseux. Syngnathe anguilles.
Saumon. Épinoche. Brochet. Carpe. Maquereau. Morue.
Hareng. Sardine. Thon. Étude des migrations et de la pêche
des principaux poissons. — Dipnoi. Ceratodus. Lépidosiren
et Protoptère. — *b*). *Amphibiens*. Salamandre. Grenouille
et rainette. Crapaud. Orvaie. — *c*). *Reptiles*. Serpents.
Vipère et couleuvre. — Lézards. — Sauriens jurassiques.
Ptérodactyle. Ichthyosaure. Ignanodon, etc. — Crocodiliens.
— Chéloniens. Tortues. Écaille.

9ᵉ Leçon. — VERTÉBRÉS (*suite*). — *d*). *Oiseaux*.
Palmipèdes. Échassiers. Gallinacés. Pigeons. Grimpeurs.
Passereaux. Rapaces. Coureurs. — Plumes d'Autruche.
Formation du guano. Nids d'hirondelle. — Édredons. —
e). *Mammifères*. — *Monotrèmes*. — *Marsupiaux*. Kanguroo.
— *Édentés*. Tatou. Tamanoir. Pangolin — *Cétacés*. Marso-
nins. Baleine. Dauphin. Blanc de baleine ou Spermaceti.
Pêche de la baleine. Huile et fanons de baleine.

10e Leçon. — VERTÉBRÉS (*suite*). — *Mammifères* (*suite*). — *Ongulés.* Tapir. Rhinocéros. Cheval. Porc. Hippopotame. Buffle et Bison. Chameau. Bœuf. Mouton et ses diverses races. Cerf. Chevrotain porte-musc. — Utilisation des peaux. Tannerie. Cuir. — Utilisation des os. Noir animal. — *Proboscidiens.* Éléphant. Ivoire. — *Rongeurs.* Lièvre, lapin, rat, souris. Lemming. Castor. Écureuil. — *Insectivores.* Taupe. Hérisson. Musaraigne. — *Pinnipèdes.* Phoque. — *Carnivores.* Loup. Chien. Chat. Lion. Tigre. Renard. Hyène. Blaireau. Martre. Putois. Loutre. Zibeline. Fourrures. Ours. — *Cheiroptères.* Chauve-souris. — *Singes.* Lémuriens et Primates. — *Homme.*

PRINCIPES

D'ARCHITECTURE & DE CONSTRUCTION

*(Cours commun aux élèves des deux années d'études industrielles
et réparti sur les deux années.)*

M. VILAIN, architecte, ancien élève de l'école St-Luc, professeur.   60 leçons.

1ʳᵉ Partie : **Maçonnerie.**

1ʳᵉ Leçon. — Introduction. Importance du cours. Son
but. Ses divisions. — CHAPITRE I. *Éléments des maçonneries.*
Pierres. 1° Pierres à base de chaux, pierres calcaires : Marbres, roches, oolithes, liais ou cliquarts, banc royal, vergelé,
lambourde, tuffau, pierres gypseuses. 2° Pierres à base de
silice : Silex, granites, Syénites, porphyre, grès, meulière,
caillasse, etc. 3° Pierres à base d'alumine : Lavasse, ardoise,
Notions générales sur ces diverses pierres. Qualités à exiger
des pierres. Défauts qui doivent faire rejeter les pierres.
Parties diverses des pierres. Dénominations diverses des
pierres. Pierre de taille.

2ᵉ Leçon. — Extraction des pierres. Taille des pierres.
Diverses espèces de tailles. — *Briques.* Briques crues, briques cuites, briques réfractaires. Fabrication, préparation
de la terre. Moulages divers. Séchage. Calibrage. Cuisson à
la volée, dans des fours intermittents, dans des fours
continus.

3ᵉ Leçon. — *Chaux.* Diverses classes de chaux. Essai
Vicat. Composition des différentes chaux. Explication de la
prise. Essai des calcaires. Fabrication de la chaux naturelle.

Extinction de la chaux. Conservation et transport des chaux. *Ciments.* Diverses classes de ciments. Composition des différents ciments. Explication de la prise. Fabrication. Conservation et transport des ciments.

4ᵉ Leçon. — *Sables.* Qualités à exiger des sables. Diverses sortes de sables. — *Pouzzolanes.* Fabrication, conservation, transport. — *Mortiers.* Mortiers de chaux : exposés à l'air, enfouis, immergés en eau douce, immergés à la mer. Préparation des mortiers de chaux.

5ᵉ Leçon. — Mortiers de ciment. Mortiers de terre.

6ᵉ Leçon. — *Bétons.* Bétons de chaux. Divers dosages. Fabrication. Bétons agglomérés. Bétons de ciment. Plâtre. Fabrication. Divers échantillons. Conservation. Stuc. — *Mastics bitumineux.* Mastic asphaltique ou naturel. Mastic artificiel ou lave fusible.

7ᵉ Leçon. — *Résistance limite des matériaux.* 1° Compression. 2° Traction. 3° Frottement. — CHAPITRE II. *Fondations.* Fondations hors de l'eau. Étude du sous-sol. Sondages. Résistance du sol. Classification des terrains. Fondations en terrain incompressible et inaffouiable. Terrain résistant à une faible profondeur. Largeur, hauteur, tracé des fondations.

8ᵉ Leçon. — Fouilles. Exécution des maçonneries. Fondations en béton. Fondations en moëllons. Fondations en briques. Fondations en pierres de taille. Drainage des fondations.

9ᵉ Leçon. — *Terrain résistant à une grande profondeur.* Fondations sur pilotis. Pilots. Sonnettes. Refus. Charge à faire supporter. Nombre et espacement des pilots. Précautions à prendre pendant le battage. Compression du sol par des pilots. Établissement des fondations. Pieux en béton ou en sable. Fondations sur piliers et arceaux.

10ᵉ Leçon. — *Fondations sur terrain incompressible et affouillable.* Parafouilles. Revers en pavé. Drains. *Fondations en terrain compressible et homogène.* Empatement. Radier général. Table en béton. Voûtes renversées.

11ᵉ Leçon. — *Fondations dans le sable bouillant. Fondations en terrain inégalement compressible.* Sur arceaux. Sur sable mouillé.

12ᵉ Leçon. — *Fondations soumises à des chocs et des vibrations.*

13ᵉ Leçon. — *Fondations sous l'eau.* Bâtardeaux étanches. Béton immergé. Emploi de l'air comprimé. — CHAPITRE III. *Murs. Murs de clôture.* Profil. Matériaux employés. Exécution. Législation.

14ᵉ Leçon. — *Murs de bâtiment.* Profils. Dimension suivant les règles empiriques. Détermination par le calcul pour les constructions non voûtées. Exécution des maçonneries. Appareils divers. Ouvertures pratiquées dans les murs. Portes et fenêtres. Législation. — *Cloisons.* Cloisons intérieures. Cloisons extérieures. Cloisons et claires-voies. Cloisons doubles.

15ᵉ Leçon. — CHAPITRE IV. *Voûtes.* Généralités. — *Voûtes cylindriques ou en berceau.* Tracé de l'intrados. Tracé de l'extrados. Épaisseur au sommet. Épaisseur aux naissances. Épaisseur des pieds-droits. Nature des matériaux. — *Voûtes en pierres de taille.* Appareil. Établissement des cintres. Exécution des maçonneries. Décintrement.

16ᵉ Leçon. — *Voûtes en moellons.* Exécution. — *Voûtes en briques.* Voûtes minces. Voûtes moyennes. — *Plates-bandes.* Profil de la voûte. Appareil. Épaisseur des pieds-droits. Consolidation. Construction. Cheminées d'usines ; construction et stabilité.

17ᵉ Leçon. — *Ouvrages divers.* Ragrément et ravalement. Jointoiement et rejointoiement. Crépis et enduits. Moulures. Badigeonnage. Scellements. Légers ouvrages. Chapes en ciments. Chapes en mastic bitumineux.

18ᵉ Leçon. — Aires. Empierrement. Pavages. Pavages en bois. Dallages. Carrelages. Aires et dallages en béton. Aires en mastic bitumineux. Aires en asphalte comprimé.

2ᵉ Partie : **Constructions en bois et fer.**

19ᵉ Leçon. — *Notions sur les bois et les métaux. Bois.* Structure des bois. Qualités à demander au bois de construction. Défauts qui doivent faire rejeter les bois. — Essence des bois employés dans les constructions. Abattage des bois.

20ᵉ Leçon. — Formes suivant lesquelles les bois sont employés dans les constructions. — Dimensions des bois en grume et des bois débités. Cube des bois. Dessication, Lessivage. Injection des bois. Conservation des bois mis en œuvre.

21ᵉ Leçon. — *Métaux. Fer.* Qualités et défauts des fers. — Essais et épreuves des fers. — Formes sous lesquelles en trouve les fers dans le commerce. Fers ouvrés. Conservation du fer. *Fonte.* Essais et épreuves des fontes. Fontes ouvrées. Acier. Plomb. Étain. Cuivre. Laiton. Zinc.

22ᵉ Leçon. — *Assemblages des pièces en bois, fer et fonte.* — *Assemblages des pièces en bois.* Pièces se rencontrant sous un certain angle. Pièces placées dans le prolongement l'une de l'autre. Pièces accolées dans le sens de leur longueur. Système composé de plusieurs pièces non en contact. Ferrements employés pour consolider les assemblages. Principaux outils des ouvriers en bois.

23ᵉ Leçon. — *Assemblages des pièces en fer ou en acier.* Pièces se rencontrant sous un certain angle. Pièces placées dans le prolongement l'une de l'autre. Système composé de plusieurs pièces non en contact. Assemblages des tôles. — Assemblages des pièces en fonte.

24ᵉ Leçon. — *Planchers. Charpente des planchers en bois.* Travure simple. Travure composée. Mode d'appui des poutres et des solives sur les murs. Mode d'appui des solives sur les poutres. Supports auxiliaires des poutres. Poteaux en bois. Supports métalliques. Chaînage. Moyens employés pour augmenter la rigidité des planchers. Dispositions particulières des travures près des cheminées. Dispositions particulières des planchers à l'extrémité des bâtiments.

25ᵉ Leçon. — *Charpente des planchers en fer.* Fers employés dans la construction des planchers. Travure simple. Planchers en fer à **I**. Mode d'appui des solives sur les murs. Système d'entretoisement. Divers genres de hourdis des planchers en fer.

26ᵉ Leçon. — *Planchers d'usines et de bâtiments indus- triels. Planchers pour réservoirs.* Planchers en fer zorès. Tra- vure composée. Supports auxiliaires des poutres. Poitrails. Assemblages des poutres et des solives. Enchevêtrures.

27ᵉ Leçon. — *Aires des planchers.* Aires en bois sur traverses en bois. Parquets à l'anglaise. Parquet à point de Hongrie. Parquets à compartiments. Aires en bois sur travures en fer. Aires en bois sur partie portante en maçonnerie. Plancher sur aire en mastic bitumineux. Planchers Gourguechon. Aires diverses.

28ᵉ Leçon. — Plafonds. — *Pans de bois et pans de fer.* — *Pans de bois.* Ancien mode de construction des pans de bois. Pans de bois modernes.

29ᵉ Leçon. — *Pans de fer.* Fers en barre. Classification des fers. Fonte. Tôle. Remplissage.

30ᵉ Leçon. — *Menuiserie et huisserie des bâtiments.* — *Lambris.* Divers genres de lambris. — *Portes.* Portes pleines. Portes à panneaux. Portes cochères. Portes charretières. Portes roulantes. Portes à claire-voie. Volets. Persiennes. — *Châssis vitrés.* Croisées. Portes vitrées. Châssis fixes. Croisées basculantes et pivotantes.

31ᵉ Leçon. — Serrures de bâtiments. Pentures. Quin- caillerie : crémones, espagnolettes, verrous divers, loquets, paumelles, charnières, fiches, serrures, gouvions; gonds et pivots, etc...

32ᵉ Leçon. — Grilles en fer. Grilles fixes. Barreaudage des fenêtres. Grilles ouvrantes.

33ᵉ Leçon. — *Peinture.* Peinture sur bois. Peinture sur fer. Peinture sur murs, plafonds. — *Vitrerie.* Verres simples. Verres demi-doubles. Verres doubles. Verres stiés, losangés. Verres de couleur, différents choix.

34ᵉ Leçon. — *Escaliers. Consi'érations générales.* Définitions. Conditions à remplir dans le tracé d'un escalier. Tracé des escaliers. Modifications au tracé primitif. Balancement des marches. Adouci des marches.

35ᵉ Leçon. — *Escaliers en pierre.* Escaliers portés par un massif en maçonnerie. Escaliers portés par une voûte. Escaliers entre deux murs.

36ᵉ Leçon. — Perrons. *Escaliers suspendus.* Escaliers suspendus à limon. Paliers des escaliers en pierre. Paliers de repos. Paliers d'arrivée.

37ᵉ Leçon. — *Escaliers en bois.* Escaliers suspendus. Escaliers à limon. Escaliers à limon imitant les escaliers suspendus. Escaliers à deux limons. Tracé de la crémaillère.

38ᵉ Leçon. — *Plafond des escaliers.* Paliers des escaliers en bois. Paliers de repos. Paliers d'arrivée. — *Escaliers en fonte.* Escaliers à noyau. Escaliers en vis à jour.

39ᵉ Leçon. — *Escaliers en bois et fer. Rampes d'appui des escaliers.* Rampes à pointes. Rampes à col de cygne. Rampes à pitons. Rampes à panneaux. Main courante.

40ᵉ Leçon. — Des ascenseurs.

41ᵉ Leçon. — *Combles. Définitions. Charpente des combles.* Composition des fermes. Conditions générales auxquelles doivent satisfaire les fermes. — *Combles en bois de faible portée.* Fermes à contrefiches. Fermes à entrées. Fermes à écharpes. Fermes à jambes de force et à entrait retroussé. Fermes à la mansarde. Fermes non symétriques à pans inégaux.

42ᵉ Leçon. — Étude des sheds. Shed à trois pannes. Shed en bois sur poteaux. Shed en bois sur colonne en fonte. Shed pour tissages et filatures. Appentis. Contreventement. Croupes. Noues. Combles pyramidaux ou pavillons. Combles coniques. Comble pour halle aux marchandises.

43ᵉ Leçon. — Lucarnes. Équarissage des différentes pièces des combles. Mise en place des combles.

44ᵉ Leçon. — *Combles en bois à grande portée.* Fermes à la Philibert de Lorme ; Fermes du Colonel Émy. Poussées exercées contre les murs par les fermes sans tirant. Construction des hangars. Hangars économiques.

45ᵉ Leçon. — *Combles mixtes en bois et fer.* Fermes à entrait et à tirant horizontal. Remarque générale sur les tirants métalliques. Fermes à entrait et à tirant brisé. Fermes Pombla. Fermes Polonceau.

46ᵉ Leçon. — *Combles entièrement métalliques.* Fermes ordinaires de faible portée. Fermes à la Mansard. Fermes à la Polonceau. Fermes à pans inégaux. Fermes à contre-fiches inclinées et à tendeurs verticaux. Fermes à contre-fiches verticales et à tendeurs inclinés.

47ᵉ Leçon. — *Fermes courbes. Fermes sans tirant.* Groupes. Dimensions des pièces. Construction des hangars. Procédés de levage des fermes métalliques à grande portée.

48ᵉ Leçon. — *Lanterneaux.* Lanterneaux en bois. Lanterneaux métalliques. Marquises.

49ᵉ Leçon. — *Des couvertures.* Généralités. Couvertures en tuiles. Tuiles plates à crochet. Tuiles creuses. Tuiles de Bourgogne. Tuiles de Tarascon. Tuiles flamandes ou pannes. Tuiles romaines. Tuiles mécaniques à emboîtement. Couvertures en ardoises. Couvertures métalliques en grandes feuilles. Plomb. Cuivre. Tôle ondulée. Zinc. Couvertures métalliques en petites feuilles. Ardoises en zinc. Ardoises en tôle. Couvertures en verre. Ouvertures dans les couvertures. Dispositifs servant à l'écoulement des eaux des toitures. Chéneaux. Gouttières. Tuyaux de descente.

3ᵉ Partie : Détails des Bâtiments.

50ᵉ Leçon. — Caves. Latrines. Fosses. Tuyaux de chute. Cabinets. Cheminées. Poêles. Calorifères. Puits. Citernes. Canalisation et distribution des eaux.

51ᵉ Leçon. — Égouts. Puisards. Paratonnerres. Ventilation. Ventilation par appel. Ventilation par insufflation.

4ᵉ Partie : **Considérations générales sur l'Architecture.**

52ᵉ Leçon. — Définition. De l'art au point de vue de l'architecture. Considérations sur l'art ; ses conditions d'existence. Du style. Constructions primitives. Historique.

53ᵉ Leçon. — Architecture grecque. Principe général des constructions grecques. Origine de l'architecture grecque.

54ᵉ Leçon. — Architecture romaine. Emploi de l'arc des voûtes. Caractère général des constructions romaines. Comparaison entre l'architecture grecque et l'architecture romaine.

55ᵉ Leçon. — Architecture byzantine. Architecture romane. Architecture ogivale ou gothique. Style ogival primaire, secondaire, tertiaire.

56ᵉ Leçon. — Renaissance. Styles Louis XIV, Louis XV, Louis XVI. Architecture moderne.

5ᵉ Partie : **Jurisprudence du bâtiment et technique de l'architecture.**

57ᵉ Leçon. — Législation des édifices privés. Rapport des constructions avec les droits privés. Du contrat d'entreprise.

58ᵉ Leçon. — *Partie graphique.* Plans. Coupes. Élévations. Détails d'ensemble et grandeur d'exécution.

59ᵉ Leçon. — *Comptabilité.* Devis descriptifs. Devis estimatifs. Marchés. Série de prix.

60ᵉ Leçon. — *Attachements écrits et figurés.* Du métré. Mémoires. Vérification et règlement des mémoires.

TECHNOLOGIE

INDUSTRIES D'UN INTÉRÊT GÉNÉRAL OUTILLAGE ET ORGANES DES MACHINES

Professeur : M. ARNOULD, directeur de l'École. 120 leçons.

1re Partie : Industries diverses d'un intérêt général. 60 leçons.

(Cours commun aux élèves des deux années d'études industrielles et réparti sur les deux années.)

1re Leçon. — IMPRIMERIE ET TYPOGRAPHIE. — Historique. Caractères d'imprimerie. Composition. Composteur. Justification. Division. Distribution. Formes. Mise en page. Correction. Formulaire pour la correction des épreuves. Tableaux. Titres.

2e Leçon. — Impression mécanique. Presse. Marbre. Format. Mise en train. Encre d'imprimerie. Presses à gros cylindres. Presses en retiration à petits cylindres. Presse en blanc. Presses rapides, à réaction, pour l'impression des journaux. Presses rotatives. Presses rotatives à papier continu. Machines Marinoni. Presse à pédale. Presse à manivelle. Presse à billets de chemin de fer. Clavier mécanique. Machines à composer et à distribuer.

3e Leçon. — Chromolithographie. Autographie. Lithographie. Imprimerie en taille-douce. Héliographie. Héliogravure. Photogravure en creux et en relief. Gillotage.

7

4ᵉ Leçon. — GRAVURE. — Gravure sur bois. Gravure en relief. Gravure en creux. Gravure au lavis. Manière noire. Gravure à l'aqua-tinta. Gravure des cartes géographiques. Gravure sur pierre. Gravure sur métaux. Eaux fortes. Gravure en médailles. Gravure sur pierres fines. Gravure sur verre. -- Genres divers. -- Damasquinure.

5ᵉ Leçon. — RELIURE. — Historique. Pliure. Battage. Grecquage et couture. Endossage. Rognage au massicot. Couverture et ornement.

6ᵉ Leçon. -- MATÉRIEL EMPLOYÉ INDUSTRIELLEMENT POUR L'ÉPURATION DES EAUX (*complément à la 12ᵉ Leçon du cours de Chimie minérale*).-- Épuration chimique et décantation. Appareils Demailly, Le Tellier, Huet et Gillet, Moison, Dervaux, Howatson, Desrumaux, etc.

7ᵉ Leçon. — CÉRAMIQUE (*compléments à la 51ᵉ Leçon du cours de Chimie minérale*). — Forme et décoration des poteries. Méthodes générales. Styles antiques : égyptien, grec, étrusque. Style renaissance : majoliques; œuvres de Lucca della Robbia et de Bernard de Palissy; faïencerie d'Oiron. Styles chinois, indou, japonais. Vieille fabrication de Nevers, Rouen, Delft, Gien, Quimper, Tournai.

8ᵉ Leçon. — La céramique à l'époque moderne. Fabrication de Saxe (Meissen) et de Sèvres. Fabrication de Limoges, de Voiron, de Creil, etc. Fabrication anglaise. Art de Venise. Fabrications chinoise et japonaise. Satzouma ancien et moderne.

9ᵉ Leçon. — FABRICATION DU PAPIER. — Généralités. Triage, blutage, coupage et lavage des chiffons. Lessivage. Défilage. Traitement des succédanés des chiffons.

10ᵉ Leçon. --- Blanchiment. Emploi des acides et des bisulfites; emploi du chlore. Blanchiment électrochimique. Caisses d'égouttage. Raffinage. Pile à cylindre. Pile Débié. Pile mélangeuse. Humectage. Collage.

11ᵉ Leçon. -- Composition des pâtes. Chiffons de coton, de lin, etc. -- Bois chimique. Paille. Sparte ou alfa. Coloration des diverses pâtes.

12ᵉ Leçon. — *Fabrication proprement dite du papier.* Fabrication à la main. Timbre. Filigrane. Fabrication à la machine. Description de la machine à papier. Régulateur de pâte. Cuviers. Sabliers. Épurateurs. Mouvement de secousse. Ramasse-pâte. Cylindres sécheurs. Lisse. Coupeuse. Dévidoirs.

13ᵉ Leçon. — Apprêts du papier. Satinoir. Calandres. Humecteur. Régleuse. Essais du papier. Formats divers. Fabrication du carton.

14ᵉ Leçon. — *Historique du papier.* Papyrus. Parchemin. Papier authographique. Papier à calquer. Papier à cigarette. Papier pelure. Papier photographique. Papier de soie. Papier Joseph. Papier à dessin. Papier à lettres. Papier Watman. Papier velin. Papier vergé. Papier à polir. Papier à procédé. Papier bulle. Papier buvard. Papier de Chine et du Japon. Papier anglais. Papier goudron. Papier linge. Papier parchemin. Papier Bristol. Papier réactif. Papier médicinal. Papier timbré. Billet de banque. Papier réglé. Papier quadrillé.

15ᵉ Leçon. — *Papier peint.* Impression à la planche. Table d'impression. Marche des couleurs. Impression à la machine. Papiers dorés et bronzés. Papiers veloutés. Papiers en relief. Papier étoffe. Papier cuir. Papier faïence. Papiers satinés.

16ᵉ Leçon. — BLANCHIMENT DES TEXTILES ET DES TISSUS. — Rappel du rôle des savons et des alcalis. Savons résineux. Blanchiment de la laine en peigné, en filé, en tissus. Blanchiment de la soie. Décreusage. Cuite. Assouplissement. Charge.

17ᵉ Leçon. — Blanchiment du coton. Dégraissage. Débouillissage. Chlorage. Blanchiment du lin et du chanvre. Blanchiment dit électrique. Eau oxigénée. Composition. Prix. Applications. Chlorozone. Blanchiment à l'acide carbonique. Emploi du permanganate de potasse. Blanchiment actuel. Dégraissage et décoloration.

18ᵉ Leçon. — TEINTURE. — Historique. Définition.

Physiologie et physique des couleurs. Classification. Couleurs éclaircies, couleurs rabattues. Rose de Chevreul. Répertoire chromatique du P. Lacouture. Théories diverses. Procédés généraux de teinture.

19ᵉ Leçon. — *Mordançage.* Alunage sur soie, sur laine, sur fibres végétales. Mordançage au fer. Rouillage. Emploi des sels de chrome. Emploi des sels de manganèse, de cuivre, de zinc, de plomb. Effet des sels de plomb sur la laine. Composition d'étain. Formules diverses. Emploi des composés du nickel et de l'antimoine; émétique.

20ᵉ Leçon. — Mordants organiques. Mordants gras. Tannins. Mordant de soufre. Mordants modificateurs de la fibre. Acide acétique. Acide oxalique. Acide tartrique.

21ᵉ Leçon. — *Emploi des colorants minéraux.* Colorants bleus, bleu de Prusse, bleu de Cobalt, Azulite, Outremer. Fabrication Guimet. Colorants rouges, scarlet, vermillon, minium, ocre, pourpre de Cassius, etc. Colorants jaunes : orpiment; or mussif; jaune de Naples; chromates. Colorants verts. Colorants bruns. Colorants gris.

22ᵉ Leçon. — Teinture au bleu de cyanogène. Procédé Raymond. Application sur laine, sur soie, sur fibres végétales. Teinture rouille, sur soie, sur coton. Teinture jaune et orange de chrome. Caractères des bleus de cyanogène, des rouilles, des jaunes de chrome.

23ᵉ Leçon. — *Colorants organiques naturels.* Propriétés générales. Classification. Bois de teinture. Bois rouges : campêche; bois du Brésil; santal. Bois jaunes; fustet.

24ᵉ Leçon. — Colorants extraits des écorces. Quercitron. Vert de Chine. Colorants extraits des racines. Garance. Curcuma. Orcanette. Colorants extraits des feuilles. Indigo. Plantes indigofères. Chlorophylle.

25ᵉ Leçon. — Colorants extraits des fleurs et des fruits. Safran. Jaune de gardenia. Carthame. Gaude. Graines jaunes. Rocou. Lichens tinctoriaux. Orseille. Tournesol. Colorant du vin.

26ᵉ Leçon. — Insectes tinctoriaux. Coccus. Cochenille

de nopal. Acide carminique. Cochenille domestique. Cochenilles de Honduras, de Vera-Cruz, des Canaries, de Java. Essai des cochenilles; falsifications. Produits dérivés de la cochenille.

27ᵉ Leçon. — *Colorants artificiels.* Classification (*rappel des leçons données au cours de Chimie organique de la 59ᵉ à la 69ᵉ*).Colorants dérivés de la benzine, de l'acide phénique, de la naphtaline, de l'anthracène. Phtaléines. Composés azoïques. Procédés d'application. Violets, bleus, verts, jaunes, orangés, rouges sur soie.

28ᵉ Leçon. — Violets, bleus, verts, jaunes, orangés, rouges sur laine. Violets, bleus, verts, jaunes, orangés et rouges sur coton. Teinture du lin.

29ᵉ Leçon. — Teinture en bobines. Essais et propositions diverses. Particularités relatives à la draperie, à la bonneterie, aux tissus d'ameublement. Charges sur soie, laine et coton.

30ᵉ Leçon. — *Impression sur étoffes.* Historique. Rouennerie. Mordançage. Épaississants. Colorants. Avivage. Vigoureux. Chinage. Gravure des rouleaux.

31ᵉLeçon. — TISSAGE. — *Principes et définitions.* Diverses espèces d'étoffes. Tissus proprement dits. Bref ou armure; rythme; décochement. Armures fondamentales : toile, sergé, croisé, satin. Armures dérivées de la toile du sergé et du croisé.

32ᵉ Leçon. — Théorie du satin. Géométrie du tissage. Satins usuels; satins complémentaires. Satins à figures régulières. Une armure quelconque ne peut présenter trois points formant triangle équilatéral. Satins carrés; satins à losanges; démonstration des conditions à remplir. Armures dérivées du satin.

33ᵉ Leçon. — Étoffes à double chaîne ou à double trame. Principe de la contiguïté des fils et des duites. Notions préalables sur les velours, les peluches, les frisés, les brochés.

34ᵉ Leçon. — Remettage. Marchage. Embrevage. Tissage à la main.

35ᵉ Leçon. — *Description des métiers à lames.* Organes divers : fouet, navette, templet, etc. Mouvement d'enroulement du tissu. Mouvement de casse-trame, de casse-chaine. — Réglage du métier.

36ᵉ Leçon. — Tracé des excentriques pour toile, sergé, croisé ou batavia, satin ; épures. Tapettes et organes du même ordre.

37ᵉ Leçon. — *Ourdissage.* Encollage.

38ᵉ Leçon. — *Principe et description de la mécanique Jacquart.* Mécanique Vincenzi. Mécanique Verdol.

39ᵉ Leçon. — Empoutage; divers modes d'empoutage : empoutage suivi, suivi composé, à pointe, à pointe et retour. Graphiques d'empoutage.

40ᵉ Leçon. — Colletage; pendage et appareillage.

41ᵉ Leçon. — De la mise en carte. Esquisse. Mise à la corde.

42ᵉ Leçon. — Lecture de la mise en carte. Bâti de liseuse. Semple.

43ᵉ Leçon. — Perçage des cartons Jacquart. Lisage accéléré. Lisage à chariot. Propositions diverses. Découpage. Numérotage et enlaçage des cartons. Suspension des cartons en avant du cylindre.

44ᵉ Leçon. — Mécaniques d'armures ou ratières. Mécanique Nœudts. Tissage à plusieurs navettes. Métiers révolvers.

45ᵉ Leçon. — *Décomposition des tissus.* Collections d'échantillons. Registres.

46ᵉ Leçon. — *Étude spéciale de remettages.* Remettage sauté, interrompu. Remettage sur plusieurs corps ; translatage. Remettage à paquets ; effets de bandes. Satin pivotant. Remettage sinueux : tour et demi-tour. Gaze. Armures par permutation de fils et de duites.

47ᵉ Leçon. — *Tissus complexes.* Tissus à double face. Tissus-poche. Tartan. Mèche à quinquet. Des piqués. Piqués losangés. Piqués-reps. Matelassés.

48ᵉ Leçon. — Étude des velours ; tissu d'âme ; tissu

de figure. Classification. Montage du métier à bras et du métier mécanique. Métiers pour double face. Outils de coupeur. Pratique; tolérances. Velours à côte. Frisure; astrakan. Peluche; industrie de Tarare. Forme et numéro des fers. Tissus à poil relevé : ensouple à tension variable et rétrograde.

49ᵉ Leçon. — Étude de tapis. Épinglé imitant le point de tapisserie à l'aiguille. Points en quinconce. Arrangement des couleurs; carte artistique. Tapis moquette : Évolution des jeux de carton. Tapisseries anciennes : historique. Les Gobelins. Beauvais. Aubusson.

50ᵉ Leçon. — Tissus nattés. Tissus gaufrés. Tissus à plusieurs lacs; cachemires. Étude des cannelés : arithmétique des armures

51ᵉ Leçon. — *Étoffes artistiques.* Dessins à couleurs multiples. Battant brocheur; espolin; pointicelle. Du ruban : ruban uni; ruban façonné; ruban broché.

52ᵉ Leçon. — *Passementerie.* Franges. Métier à passementerie; crête simple, crête à double étage. Métier à lacets. Métiers pour tissus élastiques, pour chaussures, pour bretelles et jarretières.

53ᵉ Leçon. — *Étude spéciale des draps.* Tissage. Foulage. Lainage et apprêts. — Industries de Sedan et d'Elbeuf; drap Montagnac. Draps de troupe 19 et 21 ains. Industrie de Mazamet.

54ᵉ Leçon. — *Des apprêts.* Grillage et tondage. Feutrage et foulage. Calandrage. Tirage à poil. Humectage, vaporisage, décatissage. Séchage. Encollage; gommage. Glaçage. Moirage. Gaufrage.

55ᵉ Leçon. — *Nomenclature et dénominations* des diverses étoffes de soie, de laine, de coton, etc., employées dans l'habillement et dans l'ameublement.

56ᵉ Leçon. — TANNAGE DES PEAUX. — But. Historique. Peaux fraîches. Peaux salées. Peaux séchées. Mégisserie. Matières tannantes. Cuir à la chaux. Rafraîchissage Pelanage. Ébourrage. Écharnage. Purgeage. Passerie; mise en couleur. Corroierie.

57ᵉ Leçon. — Veau. Chevreau. Agneau. Industrie de la ganterie. Cuir verni. Cuir de Russie. Fabrication des cuirs forts. Maroquin. Tannage. Corroierie. Meulage. Entretien des cuirs.

58ᵉ Leçon. — FABRICATION DES BOUGIES STÉARI-QUES (*complément à la 58ᵉ Leçon du cours de Chimie organique*). — Purification de l'acide stéarique. Moulage. Esso-rage. Étendage. Préparation de la mèche. Rogneuse. Blanchi-ment des bougies. Essuyeuse. Marqueuse. Eaux de lavage.

59ᵉ Leçon. — POUDRES ET SUBSTANCES EXPLOSIVES. — Historique et considérations générales. Valeur dyna-mique d'un explosif; potentiel; travaux de Bunsen, de Berthelot, de MM. Roux et Sarrau. Poudre lente ou progressive. Poudres fortes. Poudre brisante.

Poudre noire. Composition et fabrication : préparation, pulvérisation et mélange, galetage, grenage, lissage, séchage, époussetage, encaissage. Poudre de guerre; poudre de vente.

60ᵉ Leçon. — *Poudres fulminantes.* Poudres nitratées. Poudres chloratées. Poudres picratées. — Explosions de premier et de second ordre. Amorces diverses.

Emploi des poudres dans l'industrie. Poudre de mine. Dynamite. Chargement. Bourrage. Amorçage et inflam-mation. Effet des poudres.

2ᵉ Partie : **Filature.** 30 leçons.

(Cours de deuxième année.)

1ʳᵉ Leçon. — Des diverses espèces de fibres textiles. Fibres animales; fibres végétales; fibres minérales. Géné-ralités. Caractères distinctifs des différentes fibres.

DU LIN. — Variétés. Culture. Graine de tonne et d'après

tonne. — Rotation du lin. Culture intensive. Rendement.

2ᵉ Leçon. — Rouissage du lin. Pratique et théorie. Rouissage à l'eau. Routoirs à bacteries de M. Scrive-Loyer. Rouissage artificiel. Méthode Parsy. Proposition Maizier, Mollet, Baur, Dogny, Boyce.

3ᵉ Leçon. — Broyage, teillage et peignage du lin. Décorticeuses en général. Broyeuse-teilleuse Landtsheer. Propositions Favier, Berthet, Coulon, Raynal, etc. Teilleuse-peigneuse Gavelle. Machine Cardon. Machine Raulich. Peigneuses Ward, Dosche, Ostermeyer, etc.

4ᵉ Leçon. — *Théorie du cardage.* Cardage du lin. Constitution des gardes; garnitures; affûtage; peigneurs pour cardes. Étirage et doublage.

5ᵉ Leçon. — *Banc à broches.* Théorie. Type cylindre et cône. Cônes pénétrants; métier Combe et Barbourg; proposition Grégoire.

6ᵉ Leçon. — Commande par deux cônes : 1° à génératrices droites; 2° à génératrices hyperboliques. Galets et plateau de friction. Métier Fairbairn. Propositions diverses. Anciens bancs à broches.

7ᵉ Leçon. — Mouvement différentiel. Théorie et description. Proposition Tweedale.

8ᵉ Leçon. — Mouvement de va-et-vient du chariot. Lanternes. Mouvement à bascule de Lawson. Cames en cœur; tracé.

9ᵉ Leçon. — Genouillère. Théorie générale des genouillères à deux et à plusieurs bras. Applications.

10ᵉ Leçon. — Vitesse des organes du banc à broches. Théorie de la torsion. Évaluation du raccourcissement dû à la torsion.

11ᵉ Leçon. — Titrage des fils de lin. Production des bancs à broches par numéros de fil.

12ᵉ Leçon. — Filage. Filage au sec. Filage au mouillé. Filage des succédanés du lin.

13ᵉ Leçon. — Dévidage. Séchage. Empaquetage. Gazage.

14ᵉ Leçon. — *Étude de la bobine.* Bobine cylindrique.

Bobine bombée; organes qui la produisent. Conditions pour que la bobine contienne le plus de fil possible.

15ᵉ Leçon. — *Étude de la broche.* Différentes formes de broches. Graissage. Propositions diverses. Suppression des poids tendeurs; modifications Prévost. Commande des broches. Tendeurs automatiques.

16ᵉ Leçon. — PRINCIPAUX INSTRUMENTS EMPLOYÉS EN FILATURE. — Compteurs de tours. Compteurs pour l'établissement des salaires. Compteur Callish. Dynamomètres; sérimètres. Examinateurs de fil. Romaines; romaines micrométriques. Ventilateurs. Extincteurs et avertisseurs d'incendie. Recueil poussière. Éclairage. Vaporisateurs et humidificateurs.

17ᵉ Leçon. — *Des nœuds.* Ganse; boucle; nœud simple; nœud simple gansé. Nœud droit; nœud droit gansé; nœud allemand; nœud de tisserand. Nœud d'artificier ou de batelier; nœud d'artificier double. Nœud de poupée. Nœud de cabestan. Nœud de galère. Clés. Épissures.

18ᵉ Leçon. — FILTERIE. — Opérations diverses. Casse-fils. Mécanismes d'arrêt automatique. Bobineuses et peloteuses. Machines à poisser, cirer, assouplir le fil. Traitement des écheveaux. Titrage des fils à coudre en écheveaux, en pelotes ou en bobines; règles et coutumes. Corderie. Fabrication des câbles.

19ᵉ Leçon. — DU COTON. — Culture. Égrenage. Expédition. Ouvreuses et Batteuses.

20ᵉ Leçon. — Cardage du coton. Banc à broches. Bobinoirs. Humectation et ventilation. Titrage.

21ᵉ Leçon. — Peignage du coton. Peigneuse Heilmann. Peigneuse Hubner. Peigneuse Imbs. Dévideuses.

22ᵉ Leçon. — *Filage à anneau.* Théorie du continu à anneau. Formes diverses de la mouche. Broches à curseurs compensateurs. Filage et retordage du coton.

23ᵉ Leçon. — *Mull Jenny et Renvideur selfacting.* Transformation du métier à filer à la main. Métiers Dobson et Barlow, Parr et Curtis, Kœchlin.

24ᵉ Leçon. — Étude des organes du selfacting. Épures du secteur et de la règle. Mouvements de baguette et de contre-baguette. Régulateurs. Considérations théoriques sur ces organes.

25ᵉ Leçon. — DE LA LAINE. — Différentes espèces de laines. Triage. Désuintage. Lavage. Traitement des eaux de suin.

26ᵉ Leçon. — Échardonnage de la laine. Épaillage chimique. Échardonnage mécanique; procédés Offermann, Harmel, Merelle, Nydprück, Broux, etc. Peignage de la laine. Peigneuse Noble. Peigneuse Lister. Peigneuse Holden, etc. Filature et titrage de la laine.

27ᵉ Leçon. — DE LA SOIE. — Espèces diverses. Élevage des vers à soie. Traitement des cocons.

28ᵉ Leçon. — Filature de la soie. Moulinage. Traitement des déchets. Titrage de la soie.

29ᵉ Leçon. — DU CONDITIONNEMENT. — But, règles et usages des conditions publiques. Appareils à conditionner. Unification du titrage. Études et projets.

30ᵉ Leçon. — Renseignements statistiques et commerciaux. Législation. Hygiène. Revue générale de la filature.

3ᵉ Partie : **Outillage et organes des Machines.** 30 lecons.

(Pour les élèves de deuxième année.)

1ʳᵉ Leçon. — Des bois. Classification. Défauts : aubier, nœuds, roulures, gélivures, cadranure, carie, etc. Bois durs. Bois blancs. Bois à fruits. Bois résineux.

2ᵉ Leçon. — Des métaux. Fontes : fonte noire, fonte grise, fonte blanche, fonte truitée. Défauts des fontes : soufflures, piqûres, gouttes froides, etc. Acier : texture et

composition de l'acier. Trempe. Essai. Fer. Grain et nerf.
Défauts : criques ou gerses, paille, etc. Essais à froid et à
chaud. Essai des essieux. Essai et dressage des tôles.
Soudure du fer.

3ᵉ Leçon. — Cuivre. Étain. Plomb. Zinc. Nickel. Texture,
défauts et propriétés de ces métaux. Moulage, étirage,
écrouissage. Emboutissage. Action du recuit. Alliage. Bronze.
Laiton. Maillechort. Soudures. Soudure des plombiers.
Soudure des ferblantiers. Soudure des chaudronniers.

4ᵉ Leçon. — Du travail des métaux en général. Effet
du frettage. Enduits de préservation. Scellement au soufre,
au plomb, au ciment.

5ᵉ Leçon. — Assemblages à rivets. Pose des rivets à froid
pour les tôles minces. Pose à chaud. Bouterolle. Marteaux
à rivets. Chanfreinage. Assemblages à boulons. Formes
diverses. Règle de Withworth. Règle de Sellers. Clés à
boulons : clé droite, clé en S, clé à douille, clé anglaise, etc.
Vis d'assemblage. Vis à métaux. Vis à bois.

6ᵉ Leçon. — Tuyauterie. Tuyaux sans soudure. Emboîtement. Joints élastiques. Système Chameroy. Compensateur
de dilatation. Joints d'assemblage. Joints de machines.

7ᵉ Leçon. — Des robinets. Formes et constitution.
Robinets à deux et à trois voies. Robinet à soupape. Robinet
à vanne. Robinets graisseurs. Robinet graisseur à graissage
variable. Graisseurs divers. Valves pour régler le passage de
l'eau ou de la vapeur. Soupapes. Clapets.

8ᵉ Leçon. — Boîte à étoupe ou Stuffingbox. Presse
étoupe à garnitures diverses. Pistons. Pistons pour pompe
à eau. Pulsomètres. Pistons pour souffleries.

9ᵉ Leçon. — Bielles. Composition et tracé d'une bielle.
Tracé des balanciers à un ou à deux flasques. Traverses.
Glissières. Manivelles excentriques (*complément des* 13ᵉ *et*
14ᵉ *leçons du cours de Machines à vapeur*).

10ᵉ Leçon. — Arbres. Arbre premier, deuxième moteur,
etc. Renflement. Manchons d'assemblage. Joint universel.
Tourillons et pivots.

11ᵉ Leçon. — Supports d'arbres. Paliers. Palier ordinaire; coussinets. Paliers spéciaux, à graissage supérieur ou inférieur. Chaîne de graissage. Chaises. Consoles. Crapaudines. Colliers et boitards.

12ᵉ Leçon. — Poulies. Poulies en deux pièces. Poulies à bras courbes. Volants. Forme des jantes, des bras, du moyeu. Grands volants en plusieurs parties ; mode d'assemblage.

13ᵉ Leçon. — Embrayages. Embrayages pour arbres en prolongement; pour arbres parallèles. Embrayage à cônes de friction, avec ou sans poussée latérale. Poulies tendeurs. Roues à rochet et à déclit.

14ᵉ Leçon. — Changement de marche : par engrenages avec manchons à griffes, par poulies et courroies avec ou sans manchons à griffes. Changement de vitesse. Tête de cheval. Cônes de poulies. Tambour conique avec courroie. Engrenages fous et calés avec embrayage. Plateaux et poulies de friction.

15ᵉ Leçon. — Retours rapides. Retours à mouvement uniforme : par combinaison de poulies folles, de poulies calées et de tambours; par roues dentées. Retours rapides avec mouvement varié. Système Le Gavrian. Système Whithworth. Roues elliptiques.

16ᵉ Leçon. — Courroies et câbles. Cuirs de Hongrie. Cuirs tannés. Cuirs salés. Fabrication des courroies. Assemblage et réparations. Cordages en chanvre. Cordages en chanvre de manille. Câbles et cordages en coton.

17ᵉ Leçon. — Graissage. But de graissage. Matières employées. Huiles végétales, animales, minérales. Suifs. Mastics. Mastics pour haute température. Enduits et vernis. Enduit des pièces polies. Matières à user et à polir. Émeri. Verre pilé. Tripoli. Pierre-ponce. Grès et sable. Potée d'étain. Rouge d'Angleterre.

18ᵉ Leçon. — Considérations sur les transmissions de mouvement. — Limites de l'emploi des arbres. Relation entre le travail du frottement et la portée. Câbles télodynamiques. Limites de leur emploi. Organisation des câbles et de leurs supports. Exemples de Bellegarde, de Schaffouse, de Fribourg.

19e Leçon. — Modérateurs ou régulateurs de mouvement. Modérateur avertisseur. Baille-blé de moulin. Régulateurs à boules. Systèmes Watt, Porter. Régulateurs isochrones. Régulateur de Bange. Régulateur à guide parabolique; à trajectoire elliptique; à bras croisés de Farcot. Régulateurs à ressorts. Régulateur Foucault. Régulateur de la marine. Modérateurs à contrepoids. Modérateurs à air comprimé.

20e Leçon. — Appareils de levage. Treuils. Treuil ordinaire. Treuil conique ou régulateur. Treuil différentiel ou lombard. Palans. Moufles. Palan différentiel. Chèvres Grues. Bigue ou sapine. Cric.

21e Leçon. — Mouture. Moulins. Meules; construction. Piquage et habillage des meules. Convertisseurs. Cylindres. Batteurs. Blutoirs. Sasseur. Polissage des pierres à la meule. Condition nécessaire pour éviter les sillons. Broyeurs : Broyeur Cart. Broyeur Blake. Broyeur Vapart.

22e Leçon. — Scieries. Scies à mouvement alternatif. Description; forme des dents; voie. Affûtage des scies. Chassis porte-scie. Mouvement d'avance. Scies circulaires. Scies à rubans. Scies à métaux.

23e Leçon. — Machines à raboter. Outils à main : varlope et demi-varlope; guillaume; bouvet; rabots cintrés; rabots à dents, etc. Machine Cart; machine Furness; machine Fréret. Outils à travailler le bois. Vrilles; mèches; gouges; forets. Machines à mortaiser.

24e Leçon. — Outils à travailler le fer. Outils d'ajustage. Forme du tranchant; expériences de Jœssel. Burins; mèches; forets. Limes : fabrication, classification, taillage et rhabillage. Machines à raboter le fer. Machines à percer. Machine radiale. Machines à cisailler.

25e Leçon. — Des tours. Tours parallèles. Tours à charioter. Tour en l'air. Tour à bancs rompus. Tour Warral.

Tour à tourner conique, à tourner sphérique. Tour à fileter. Tour à boulons. Outils de taraudage; taraux; fraises. Tour et machines à copier. Tours composés. Tours à forer. Tours à aléser. Alésoirs types. Machines à rayer.

26ᵉ Leçon. — Martelage du fer. Anciens marteaux à manche et à came. Marteaux pilons. Marteaux Schmerber. Marteaux à air comprimé. Marteaux hydrauliques. Marteaux à ressort; théorie de Résal. Marteaux à vapeur à simple ou à double effet. Construction des chabottes. Machines à forger. Laminoirs. Balanciers à friction.

27ᵉ Leçon. — Des moteurs animés. Avantages et inconvénients. Travail de l'homme. Travail des animaux. Des manèges. Position du cheval. Nombre de chevaux nécessaires. Pourtour de la piste. Modes d'attelage. Notions sur le tirage des voitures.

28ᵉ Leçon. — Notions élémentaires sur les voies de communication. Routes. Historique. Principes du tracé. Construction de la chaussée et des accessoires. Ouvrages d'art. Voies de navigation. Navigation fluviale. Défense des rives. Barrages et décisoirs. Des canaux. Écluses à sas.

29ᵉ Leçon. — Chemins de fer. Historique. Conditions de marche. Adhérence. Théorie. Effet des rampes. Effet des courbes. Dévers. Voie. Voie normale. Profil des rails. Supports. Points spéciaux. Libre parcours.

30ᵉ Leçon. — Exploitation technique des chemins de fer. Gares. Réservoirs. Gabarits. Protection des voies. Signaux. Code uniforme des signaux de 1886. Signaux de train. Pétards. Graphiques de marche.

HISTOIRE DU TRAVAIL

(Cours bisannuel commun aux élèves des deux années d'études industrielles.)

M. CANET, docteur ès lettres, professeur.   30 leçons.

1re Leçon. — Les Juifs. L'arche et le tabernacle. Salomon. Voyages en Ophir ; le temple. Industrie et relations depuis le retour de la captivité.

2e Leçon. — Les Égyptiens. Relations avec l'intérieur de l'Éthiopie. L'art et les métiers. L'agriculture. Les monuments.

3e Leçon. — Les Phéniciens. La pourpre. Les tissus. Les caravanes. Les voyages de circumnavigation. Les établissements dans la mer intérieure.

4e Leçon. — Les Grecs. Industrie, arts, relations avec les côtes et l'intérieur de l'Asie. Colonies. Le blé.

5e Leçon. — Alexandre. L'Asie ouverte. Fondation d'Alexandrie. La Grèce jusqu'à la réduction en province romaine. Ses œuvres d'art dans le monde.

6e Leçon. — Carthage. Ses comptoirs dans la mer intérieure et au delà des colonnes d'Hercule. Voyages autour de l'Afrique et en Bretagne. Son système commercial.

7e Leçon. — Les Étrusques. Arts. Relations avec Carthage, Marseille et les villes de la Grande-Grèce. Influence sur Rome.

8e Leçon. — Rome. Institutions de Numa. Les collèges d'ouvriers. Les produits de l'industrie romaine. L'agriculture. Le commerce.

9e Leçon. — Les relations avec les provinces. Imporlations de l'Orient dans la Rome impériale. L'Asie. Les recherches du luxe. Réunion à Rome des ouvriers et des produits du monde.

10e Leçon. — La Gaule. Arts et commerce sous l'empire et jusqu'à l'avènement des Francs.

11e Leçon. — Les Francs. Charlemagne. La législation relative aux arts et aux métiers.

12e Leçon. — Les communes. Leur activité industrielle et commerciale. Le Nord, la Flandre. Le Midi, le Languedoc.

13e Leçon. — Les croisades. Leur influence sur les arts, les métiers et les relations. Les foires. Les compagnies d'ouvriers bâtisseurs et décorateurs.

14e Leçon. — Les corporations. Le livre des métiers d'Étienne Boyleaux. Saint-Louis.

15e Leçon. — Les villes industrielles et commerçantes au XIIIe siècle et au XIVe. Leur régime et leurs relations. Leur richesse.

16e Leçon. — XVe siècle. Extension des relations, perfectionnement des métiers. Les voyages sur les côtes africaines. La découverte de l'Amérique.

17e Leçon. — Activité commerciale au XVIe siècle. Les colonies. Les arts. Relations avec l'Angleterre, la Hollande et l'Italie.

18e Leçon. — XVIIe siècle. Henri IV et Sully. L'agriculture. Les encouragements à l'industrie et au commerce.

19e Leçon. — XVIIe siècle. Louis XIV et Colbert. Commerce intérieur. La protection de l'industrie.

20e Leçon. — Les arts au XVIIe siècle et au XVIIIe. La lutte entre les nations, sur les marchés européens, dans l'Inde et en Amérique. Extension du régime colonial.

21e Leçon. — Les finances au XVIIIe siècle. Law. La compagnie des Indes. L'art français.

22e Leçon. — Les économistes. Turgot. Les corporations. Les douanes. L'affaiblissement de la puissance coloniale.

23e Leçon. — La Révolution et le travail. Destruction

8

par l'Assemblée constituante du régime économique ancien. Institutions du Consulat et de l'Empire. Le blocus continental.

24ᵉ Leçon. — Le système économique depuis le commencement du siècle jusqu'en 1860. La grande industrie, son développement progressif. Influence des chemins de fer.

25ᵉ Leçon. — Le libre échange. Ses résultats sur la répartition du travail.

26ᵉ Leçon. — La guerre de Crimée. La guerre de sécession d'Amérique. Leur influence momentanée sur l'industrie française. Le traité de Francfort.

27ᵉ Leçon. — Mouvement actuel de colonisation. Débouchés nouveaux. Situation respective des États.

28ᵉ Leçon. — Statistique industrielle. La production actuelle et les besoins de la consommation.

29ᵉ Leçon. — Les traités de commerce. La protection et ses limites. La tarification et ses conséquences.

30ᵉ Leçon. — Résumé et conclusion. Examen.

LITTÉRATURE

(Cours bisannuel commun aux élèves des deux années d'études industrielles.)

M. VARIOT, docteur ès lettres, professeur.   30 leçons.

Ce cours ne comporte pas une division précise par leçons. Il a pour but d'exercer les élèves à des rédactions en rapport avec les sujets qu'ils auront à traiter soit dans la pratique de leur vie professionnelle, soit dans les fonctions publiques auxquelles ils peuvent être naturellement désignés par leur situation.

Ils sont exercés dans le même but à la parole, sous forme de discours, de conférences ou de discussions.

Le professeur s'attache à leur faire connaître et apprécier les écrivains et les orateurs les plus importants de notre pays, principalement ceux qui appartiennent à l'époque contemporaine.

Les questions de pure érudition sont écartées.

HYGIÈNE INDUSTRIELLE

(Cours bisannuel commun aux élèves des deux années d'études industrielles.)

M. le docteur Pierre BERNARD, professeur.   10 leçons.

1re Leçon. — Définitions. Préliminaires, programme du cours.

2e Leçon. — Air atmosphérique. Influence, sur la santé, de la pression, de la température, des poussières; gaz et organismes vivants qui souillent l'air dans les grands centres et dans les ateliers.

3e Leçon. — Même sujet.

4e Leçon. — De l'eau d'alimentation. Provenance. Filtration, décantation, épuration chimique et par le sol.

5e Leçon. — Eaux impures et malsaines. Égouts. Eaux industrielles.

6e Leçon. — Alimentation.

7e Leçon. — Alimentation (*suite*). — Vêtements.

8e Leçon. — Habitation privée et édifices publics, en particulier les ateliers.

9e Leçon. — Les industries toxiques.

10e Leçon. — Règlements officiels concernant l'hygiène des ouvriers et les industries insalubres.

COURS DE LANGUES

M. VAN BECELAËRE, professeur.

L'Anglais et l'Allemand sont enseignés alternativement le même jour; 60 leçons sont consacrées par an à chacune des deux langues.

Les élèves sont répartis en deux divisions, non suivant leur ancienneté dans l'École, mais suivant leur force.

Les commençants apprennent la grammaire et font des exercices élémentaires.

Les plus avancés apprennent en anglais ou en allemand la technologie industrielle, et font dans ces deux langues des exercices de correspondance commerciale.

Lorsque les élèves sont suffisamment exercés, on reçoit à leur usage des publications périodiques, telles que : le *Catholic Times*, de Londres, et le *Vaterland*, de Strasbourg.

GÉOMÉTRIE DESCRIPTIVE

(Pour les élèves de 1re année.)

—⁓⁓⁓—

Cours de Faculté, non spécial à l'École industrielle, et que les élèves
suivent en vue du dessin industriel.

———

M. VILLIÉ, docteur ès sciences mathématiques, professeur. **30 leçons.**

———

1re Leçon. — Notions préliminaires. Représentation du
point, de la droite et du plan.

2e Leçon. — Problèmes sur la droite.

3e Leçon. — Problèmes sur la droite et le plan.

4e, 5e et 6e Leçons. — Même sujet.

7e Leçon. — Changement de plans de projection.
Rabattements. Rotations.

8e Leçon. — Projection d'un cercle. Droites et plans
perpendiculaires.

9e Leçon. — Distance de deux plans parallèles. Plus
courte distance de deux droites. Angles d'une droite avec
les plans de projection. Problème inverse.

10e Leçon. — Angles des droites et des plans.

11e Leçon. — Angles de deux plans. Projections d'un
tétraèdre et d'un cube.

12e Leçon. — Section plane d'une pyramide. Intersection d'une droite avec un prisme ou une pyramide. Sphère;
représentation; prendre un point; intersection d'une droite
et d'une sphère.

13e Leçon. — Section plane de la sphère. Intersection
de deux sphères. Plan tangent à la sphère.

14e Leçon. — Plan tangent à une sphère par une

droite donnée. Plan tangent à deux sphères par un point donné. Plan tangent à trois sphères. Sphère circonscrite à un tétraèdre.

15ᵉ Leçon. — Sphère inscrite d'un tétraèdre. Résolution des trois premiers cas de l'angle trièdre. Réduction d'un angle à l'horizon.

16ᵉ Leçon. — Les trois derniers cas de l'angle trièdre. Étude géométrique des surfaces.

17ᵉ Leçon. — Étude des surfaces. Plan tangent. Représentation d'un cylindre. Plan tangent au cylindre.

18ᵉ Leçon. — Cône ou cylindre circonscrit à une surface. Contour apparent. Ses propriétés.

19ᵉ Leçon. — Plan tangent au cône par un point donné ou parallèlement à une droite donnée. Cas où la base est dans un plan quelconque. Normale commune à deux cônes ou à deux cylindres, ou à un cône et un cylindre. Propriétés du plan tangent et de la normale à une surface de révolution; représentation d'une telle surface. Prendre un point sur la surface.

20ᵉ Leçon. — Plan tangent à une surface de révolution : *a*) par un point pris sur la surface; — *b*) par un point extérieur; — *c*) parallèlement à un plan donné. Contours apparents d'une surface de révolution. Section plane d'une surface; tangente; vraie grandeur.

21ᵉ Leçon. — Section plane d'une surface développable. Transformée de la section. Tangente à la transformée. Section plane d'un cylindre circulaire vertical.

22ᵉ Leçon. — Section plane d'un cylindre quelconque. Section droite et développement d'un cylindre quelconque. Section elliptique d'un cône circulaire droit.

23ᵉ Leçon. — Développement de la section elliptique du cône. Points d'inflexion. Section hyperbolique. Asymptotes. Section plane d'un cône quelconque dont la base est dans le plan horizontal.

24ᵉ Leçon. — Section plane du cône ou du cylindre dans le cas général; asymptotes. Détermination d'un cône de révolution par son axe et son angle au sommet. Intersection d'un cône ou d'un cylindre avec une droite. Section plane d'une surface de révolution.

25ᵉ Leçon. — Propriétés géométriques de la surface gauche de révolution. Représentation de l'hyperboloïde de révolution. Prendre un point sur la surface. Mener un plan tangent. Section plane de l'hyperboloïde (cas de l'ellipse).

26ᵉ Leçon. — Section hyperbolique de l'hyperboloïde. Intersection de deux surfaces ; tangente à la courbe. Cas des cylindres et des cônes. Pénétration. Arrachement.

27ᵉ Leçon. — Intersection des cylindres et des cônes. Branches infinies. Asymptotes.

28ᵉ Leçon. — Intersection d'un cône et d'un cylindre avec une sphère. Intersection de deux surfaces de révolution dont les axes se rencontrent.

29ᵉ Leçon. -- *Méthode des plans cotés.* Représentation d'un point, d'une droite, d'un plan. Problèmes divers.

30ᵉ Leçon. — Intersection d'un tétraèdre par un plan. Courbes de niveau. Problèmes divers sur les plans cotés.

DESSIN INDUSTRIEL

M. VILAIN, architecte, ancien élève de l'École Saint-Luc, professeur.

LEÇONS ORALES

(30 Leçons réparties sur les deux années.)

1re Leçon. — Usage et vérification des instruments. Conventions. Tracé des lettres.

2e Leçon. — Rappel des opérations géométriques qui se rencontrent le plus fréquemment dans le dessin industriel. Contacts. Projections.

3e Leçon. — *Du lavis et du rendu.* But. Conventions sur le rayon lumineux et le rayon visuel. Corps dépolis et corps polis. Expériences sur les corps dépolis ; éclairement spécifique. Rayon atmosphérique principal. Ombre propre et ombre portée.

4e Leçon. — Principes du lavis : orientation, coloration, distances. Contraste et irradiation.

5e Leçon. — Rappel des propriétés du contour apparent ; théorème des courbes tangentes au contour apparent.

6e Leçon. — Réflexion de la lumière sur les corps polis. Points brillants ; point brillant principal. Lignes d'égale intensité de réflexion. Exemple de la sphère.

7e Leçon. — Corps mi-polis. Point brillant et zones conventionnelles d'égales teintes. Exemple de la sphère.

8e Leçon. — *Pratique du lavis.* Teintes plates. Transparence et intensité. Classification des teintes. Teintes d'ombres propres et teintes d'ombres portées. Lavis à teintes fondues. Des filets de lumière et des traits de force. Teintes conventionnelles.

9ᵉ Leçon. — *Méthodes générales pour la recherche des ombres :* 1° méthode des plans sécants ; 2° méthode des surfaces circonscrites ; 3° méthode des ombres propres et des courbes enveloppes.

10ᵉ Leçon. — Points de perte. Ombre autoportée ; points de passage.

11ᵉ Leçon. — Ombre propre du cône, du cylindre. Ombres portées sur les plans de projection par les cônes, les cylindres et la sphère.

12ᵉ Leçon. — Ombre des surfaces de révolution dont l'axe en perpendiculaire à l'un des plans de projection ; détermination de quelques points. Application à l'ellipsoïde à axe vertical.

13ᵉ Leçon. — Application au tore à axe vertical.

14ᵉ Leçon. — Emploi des échelles de proportion pour le tracé des lignes d'égale teinte. Tracé des échelles pour cylindres parallèles aux arêtes du cube et pour cylindres à 45° dans l'ombre ou en lumière.

15ᵉ Leçon. — Échelle pour cônes, pointe en haut ou pointe en bas. Échelles renversées pour les corps creux. Échelle du contour apparent de la sphère.

16ᵉ Leçon. — Application des échelles au tracé des lignes d'égale teinte sur le tore en plan, en élévation, en creux. Tracé des tangentes aux courbes d'égale teinte par la propriété des conchoïdes. Application à une surface de révolution quelconque à axe parallèle aux arêtes du cube.

17ᵉ Leçon. — Ombres et lignes d'égale teinte des disques métalliques aplanis au burin ; des congés ; des raccords. Applications aux robinets, aux crochets, etc.

18ᵉ Leçon. — *Ombres usuelles.* Ombre du serpentin : tracé des lignes d'égale teinte par la méthode des surfaces circonscrites.

19ᵉ Leçon. — Vis à filet carré et son écrou. Vis à filet triangulaire et son écrou. Séparatrice. Lignes d'égale teinte. Ombres portées.

20ᵉ Leçon. — Ombres portées sur les cylindres en relief :

listel; astragale. Ombres portées sur les cylindres creux. Ombre d'un cylindre de machine à vapeur en coupe avec son piston en saillie. Listel rentrant. Arc doubleau.

21° Leçon. — Ombres portées dans les sphères en creux. Ombre de l'écuelle. Berceau cylindrique terminé par un bout sphérique.

22° Leçon. — Ombres du balustre. Exercices divers.

23° Leçon. — *Notions de perspective.* Généralité sur les projections coniques. Coordonnées perspectives d'un point de l'espace. Ligne droite; lignes de front; lignes fuyantes. Épure géométrale et tableau.

24° Leçon. — Perspective d'une droite, d'un quadrilatère du géométral. Amplifications.

25° Leçon. — Perspective des courbes; cercle situé dans un plan horizontal; cercles concentriques.

26° Leçon. — Mise en hauteur. Perspective d'une croix. Perspective de hauteur.

27° Leçon. — Notions de perspective cavalière. Circonférence horizontale. Assemblage de charpente. Machines dont les arêtes sont parallèles ou perpendiculaires au tableau.

28° Leçon. — *Détails sur les levers.* Levers de machines. Esquisse. Croquis; hachures conventionnelles. Instruments de levers : règles, équerres, compas, palmers. Mesure des cotes.

29° Leçon. — Détails sur les levers de plans. Croquis d'après nature : perspective d'observation.

30° Leçon. — Notions de nivellement. Mesure des pentes. Courbes de niveau. Application au tracé d'un chemin.

NOTA. — Les élèves de 3me année (candidats ingénieurs) reçoivent des leçons détaillées sur la topographie, le lever de bâtiment, les projets de machines et d'usines.

LEÇONS PRATIQUES

(3 Leçons de trois heures par semaine.)

1re ANNÉE. — Exercices de trait. — Problèmes sur les contacts. Applications au tracé des parquets. Carrelages. Ordres d'architecture. Dessins d'organes des machines d'après des modèles.

Épures de géométrie descriptive. — Problèmes sur la ligne droite, le plan, les contacts et les intersections de surface. Plans cotés. Tracé d'un gnomon.

Lavis. — Exercices progressifs de teintes plates et de teintes fondues sur des surfaces planes. Séparatrice et ombres en teintes plates de la sphère, des cônes, des cylindres et du tore.

Rendu. — Lignes d'égale teinte du cylindre avec tailloir, de la sphère dépolie et de la sphère mi-polie, d'une surface de révolution variée, du tore, du serpentin, de l'hélice. Robinet. Crochet.

2e ANNÉE. — Tracé des engrenages. — Engrenages cylindriques extérieurs et intérieurs, en épicycloïde, en développante. Engrenage conique.

Excentriques de tissage.

Projets de cames et d'organes divers pour filature.

Esquisses de tissage. — Dessin d'après nature. Mise en carte et mise à la corde. Indications pour le montage des métiers.

Dessins et levers de mécanique. — Lever d'organes. Croquis. Mise au net.

Levés de machines. Croquis. Mise au net. Détails. Rendu.

Dessins et levers de bâtiment. — Dessins d'après modèles. Levers de bâtiments. Mise au net; plans, coupe et élévation.

Exercices sur le lever de plan.

3ᵉ ANNÉE. (Candidats Ingénieurs.) — **Topographie.** Lever de plan détaillé. Lever en terrain accidenté. Nivellement. Plan avec courbes de niveau.

Projet de route.

Projet de bâtiment. — Projet détaillé d'un bâtiment d'habitation; gare de chemin de fer, etc. Détermination du profil d'un mur de soutènement. Ouvrages d'art. Projet d'un pont métallique et d'une charpente.

Projet de machines. — Projet de machine à vapeur. Projet de roue hydraulique.

Lever, installation et projet d'usine.

Dessin d'après nature. — Perspective d'observation. Croquis. Essais de paysages.

MANIPULATIONS DE PHYSIQUE

(Pour les élèves des deux années.)

M. LAMBLIN, chef des travaux. 20 séances.

1re Séance. — Machine à diviser; sphéromètre.

2e Séance. — Balances diverses.

3e Séance. — Barométrie.

4e Séance. — Thermométrie.

5e Séance. — Hygrométrie.

6e Séance. — Densités des liquides et des solides. Balance hydrostatique.

7e Séance. — Aréomètre et méthode des flacons.

8e Séance. — Exercices sur les dilatations.

9e Séance. — Fusion. Solidification.

10e Séance. — Tension des vapeurs.

11e Séance. — Calorimétrie.

12e Séance. — Chaleur de vaporisation.

13e Séance. — Galvanoplastie.

14e Séance. — Spectroscopie. Saccarimétrie.

15e Séance. — Balance de Hughes. Microscope.

16e Séance. — Mesure de l'intensité des courants électriques par la boussole des sinus et des tangentes.

17e Séance. — Mesure des résistances par la méthode du pont de Wheastone.

18e Séance. — Mesure des résistances par la méthode de la boîte en forme de pont.

19e Séance. — Résistance intérieure des piles.

20e Séance. — Lumière électrique. Instruments de mesure.

TRAVAUX PRATIQUES DE CHIMIE
INDUSTRIELLE

(Pour les élèves des deux années d'études industrielles.)

---

60 séances en deux années.

1re Séance. — Cristallisations. Montage d'appareils. Travail du verre et des bouchons.

2e Séance. — Préparation et propriétés de l'oxigène.

3e Séance. — Propriétés de l'hydrogène. Réduction du sesquioxyde de fer par l'hydrogène. Décomposition de l'eau par le fer.

4e Séance. — Préparation de l'acide sulfurique normal.

5o Séance. — Dosage de l'acide sulfurique.

6e Séance. — Acide sulfureux. Cristallisation du soufre. Dosage de l'acide sulfureux.

7e Séance. — Dosage de l'ammoniaque dans l'eau.

8e Séance. — Dosage des matières organiques dans l'eau.

9e Séance. — Hydrotimétrie.

10e Séance. — Hydrogène sulfuré; gaz et solution.

11e Séance. — Bioxyte d'azote.

12e Séance. — Acide fluorhydrique. Gravure sur verre.

18e Séance. — Azote. Protoxyde d'azote. Dosage de l'azote par la chaux iodée.

14e Séance. — Acide hypoazotique. Acide nitrique. Acide nitreux. Préparation du fulmi-coton.

15e Séance. — Fabrication industrielle de l'acide sulfurique. Dosage du soufre dans les pyrites.

16e Séance. — Chlore.

17e Séance. — Acide chlorhydrique.

18e Séance. — Ammoniaque.

19ᵉ Séance. — Analyse de l'eau d'épuration du gaz d'éclairage. Résidus d'épuration. Dosage de l'ammoniaque dans ces eaux, et dans le mélange de Laming.

20ᵉ Séance. — Arsenic. Appareil de Marsch. Dosage de l'arsenic et du soufre dans un arsénio sulfure de fer.

21ᵉ Séance. — Iode. Préparation et propriétés.

22ᵉ Séance. — Chlorate de potasse. Préparation.

23ᵉ Séance. — Chlorométrie.

24ᵉ Séance. — Bicarbonate de soude. Préparation.

25ᵉ Séance. — Essai d'un combustible.

26ᵉ Séance. — Recherche des sels, des bases et des acides. Nombreux exemples.

27ᵉ Séance. — Essai d'un minerai de fer. Alcalimétrie. Dosage d'un sable phosphaté.

28ᵉ Séance. — Dosage du cuivre dans le sulfate de cuivre. Analyse du bronze. Analyse du laiton.

29ᵉ Séance. — Dosage du péroxyde de plomb. Méthode Joulie. Chromate de plomb.

30ᵉ Séance. — Dosage du fer dans le sulfate de fer. Dosage du fer par le procédé Marguerite.

31ᵉ Séance. — Fabrication et analyse de la céruse.

32ᵉ Séance. — Préparation et titrage de la liqueur cupro-potassique. Préparation du glucose et de la dextrine. Papier parchemin. Préparation de la liqueur oxalique.

33ᵉ Séance. — Saccharification de fécule. Saccharification d'amidon et dosage du glucose dans les sirops de glucose et dans la mélasse. Préparation du réactif de Schweitzer.

34ᵉ Séance. — Extraction du sucre de betterave.

35ᵉ Séance. — Fermentation alcoolique. Fabrication de la bière.

36ᵉ Séance. — Analyse de la bière et du vin. Essai d'un vinaigre. Titrage alcoolique.

37ᵉ Séance. — Dosage du glucose par la liqueur cupro-potassique. Saccharimétrie. Analyse de mélasses et de farine de blé. Précipitation du sucrate de chaux par l'acide carbonique.

38ᵉ Séance. — Distinction des fibres textiles. Procédé Vétillard.

39ᵉ Séance. — Essai d'huile. Oléomètre Lefebvre.

40ᵉ Séance. — Essai du lait; densité. Dosage du beurre. Dosage du sucre de lait.

41ᵉ Séance. — Saponification de l'axonge. Essai d'un savon (dosage de l'alcali). Préparation de la glycérine. Préparation de la nitroglycérine.

42ᵉ Séance. — Fabrication d'un savon d'huile. Dosage des acides gras dans un savon. Savon de Marseille.

43ᵉ Séance. — Essai du ferrocyanure de potassium et du bleu de Prusse. Fabrication du bleu de Prusse.

44ᵉ Séance. — Teinture de la soie, de la laine et du coton au bleu de Prusse.

45ᵉ Séance. — Essai des matières tannantes. Procédé Carpène perfectionné par Barbieri.

46ᵉ Séance. — Préparation de la cuve d'indigo à la couperose. Dessin et réserves sur étoffes. Dosage de l'indigo.

47ᵉ Séance. — Teinture à l'indigo.

48ᵉ Séance. — Désuintage, lavage et blanchissage de la laine. Traitement des eaux de suint.

49ᵉ Séance. — Mordançage et teinture de la laine au campêche.

50ᵉ Séance. — Préparation de la nitrobenzine et de l'aniline.

51ᵉ Séance. — Fuchsine. Préparation et application sur laine.

52ᵉ à 60ᵉ Séances. — Exercices divers de teinture.

CHIMIE ANALYTIQUE

THÉORIE ET TRAVAUX PRATIQUES

(Pour les élèves de 3ᵉ année, candidats ingénieurs.)

30 leçons.

1ʳᵉ Leçon. — Histoire sommaire de la Chimie industrielle. Compléments théoriques.

2ᵉ Leçon. — Théorie atomique. Atomicité. Fonctions. Constitution des corps. Carbone tétraédrique. Stéréochimie. Théorie de M. Berthelot. Théorie dualistique.

3ᵉ Leçon. — Étude des principales fonctions. — Métalloïdes. Métaux. Acides. Bases. Sels. Carbures. Alcools. Phénols. Aldéhydes. Acétones. Acides. Ammines. Amides. etc.

4ᵉ Leçon. — Thermo-chimie. Principes. Lois. Application à la détermination des réactions chimiques.

5ᵉ Leçon. — Microbiologie. Ferments et leurs sécrétions. Action chimique des ferments et des zimases. Fermentations. Culture des ferments. Caractères et propriétés.

6ᵉ Leçon. — Chimie analytique. Principes généraux de l'analyse. — Méthodes, instruments et opérations. Analyse qualitative et analyse quantitative.

7ᵉ Leçon. — Analyse par voie sèche. Principes. Instruments. Réactifs.

8ᵉ Leçon. — Analyse par voie sèche (*suite et fin*). — Caractères des principaux corps.

9ᵉ Leçon. — Analyse spectrale. Objet. Spectroscope. Spectres des gaz et des solides. Raies des corps les plus importants.

10ᵉ Leçon. — Analyse qualitative par voie humide. —

Principes généraux. Révision des caractères des acides et des bases.

11ᵉ Leçon. — Recherche de l'acide et de la base d'un sel soluble dans l'eau (révision).

12ᵉ Leçon. — Recherche d'un métalloïde ou d'un métal libre. Recherche d'une substance insoluble dans l'eau.

13ᵉ Leçon. — Recherche d'une substance insoluble dans l'eau et dans les acides.

14ᵉ Leçon. — Recherche de deux sels solubles dans l'eau.

15ᵉ Leçon. — Recherche de plus de deux sels solubles dans l'eau.

16ᵉ Leçon. — Analyse quantitative; généralités. Analyse pondérale. Analyse volumétrique.

17ᵉ Leçon. — Analyse volumétrique (révision).

18ᵉ Leçon. — Analyse pondérale; principes; instruments; opérations.

19ᵉ Leçon. — Analyse des superphosphates et des phosphates naturels.

20ᵉ Leçon. — Analyse des silicates. Argiles. Kaolins. Verres.

21ᵉ Leçon. — Analyse des calcaires, des mortiers et des ciments.

22ᵉ Leçon. — Analyse des gypses et des plâtres.

23ᵉ Leçon. — Analyse des fontes et des aciers. Utilisation des hautes températures.

24ᵉ Leçon. — Analyse des bronzes et des alliages.

25ᵉ Leçon. — Coupellation.

26ᵉ Leçon. — Analyse des cendres végétales.

27ᵉ Leçon. — Analyse organique. Analyse de la houille et du coke.

28ᵉ Leçon. — Analyse des matières colorantes naturelles et artificielles

29ᵉ Leçon. — Analyse des terres arables.

30ᵉ Leçon. — Analyse des gaz. — Air atmosphérique. Air des mines. Gaz des hauts fourneaux.

COURS COMPLÉMENTAIRES DE 3ᵉ ANNÉE

(Pour les candidats ingénieurs.)

~~~~~~⟲⊳◊⊲⟳~~~~~~

GÉOLOGIE ET MINÉRALOGIE

APPLIQUÉES A L'ART DE L'INGÉNIEUR

30 leçons.

1ʳᵉ Leçon. — TRANSFORMATIONS ET PHÉNOMÈNES GÉOLOGIQUES. — Action de l'atmosphère, des glaces, des eaux. Eaux d'infiltration. Eau de la mer. Action des organismes animaux et végétaux.

2ᵉ Leçon. — Chaleur interne; déperdition. Sources thermales. Volcans. Tremblements de terre. Mouvements du sol.

3ᵉ Leçon. — Formation de l'écorce du globe. Phénomènes éruptifs. Divisions dans l'histoire du globe.

4ᵉ Leçon. — Formation des couches sédimentaires; allure des couches. Failles. Formation et structure des roches ignées. Filons de diverses sortes. Métamorphisme restreint, régional et primordial.

5ᵉ Leçon. — Modifications de l'écorce terrestre. Formation des montagnes. Régions plissées. Effondrements, orientation et âge relatif des montagnes. Formation des vallées. Coordination des accidents stratigraphiques.

6ᵉ Leçon. — DES MINÉRAUX. — Caractères géométriques. Structure réticulaire et constitution interne des cristaux. Systèmes cristallins et groupement des cristaux.

7ᵉ Leçon. — Particularités sur la structure des minéraux cristallisés. Inclosions. — Propriétés physiques des cristaux. Interférence. Polarisation. Coloration des cristaux. Densité. Cassure.

8e Leçon. — Caractères chimiques des minéraux. Essais divers. Expressions et formules de minéralogie. Classification des minéraux.

9e Leçon. — Minéraux silicatés; quartz; argiles; feldspaths; pyroxènes et amphiboles. Minéraux pierreux divers; carbonates; nitrates; sulfates; phosphates. Gemmes.

10e Leçon. — Minerais. Métalloïdes mineralisateurs. Minerais de fer, de manganèse, de cobalt, de chrome, de nickel, de zinc, d'étain, d'antimoine, de cuivre, de plomb, de mercure. Minerais d'argent, d'or et de platine.

11e Leçon. — Combustibles minéraux. Graphite. Anthracite. Houille; produits de la distillation; diverses sortes de houille. Lignite. Tourbe. Bitumes; pétrole; asphalte. Résines fossiles.

12e Leçon. — DES ROCHES. — Définition; minéraux essentiels et minéraux accessoires. Examen et analyse des roches; emploi du microscope. Caractères généraux. Action du feu. Eau de carrière.

13e Leçon. — Roches ignées. Consolidation des éléments. Roches granitoïdes : emploi des granites. Gneiss. Pegmatite. Micaschiste. Diorite. Roches porphyriques. Roches volcaniques; basalte, laves.

14e Leçon. — Roches sédimentaires. Roches siliceuses. Conglomérats. Grès; mollasse. Roches argileuses. Schiste. Roches calcaires; classification des marbres. Pierres à ciment. Chaux et plâtre. Importance relative des roches, des minéraux et des corps simples dans la nature.

15e Leçon. — DES FOSSILES. — Classification des fossiles. *Fossiles du règne animal* : embranchements. Vertébrés. Articulés. Mollusques. Zoophites. — *Fossiles du règne végétal* : embranchements. Acotylédones. Monocotylédones. Dicotylédones.

16e Leçon. — État des fossiles. Parties des corps orga-

nisés qui se fossilisent; altération et transformation;
incrustation. Empreintes et vestiges. — Distribution des
fossiles. — Conséquences des découvertes paléontologiques.
Utilité industrielle de la paléontologie.

17ᵉ Leçon. — DES FORMATIONS GÉOLOGIQUES. —
Classification. Série chronologique des couches sédimen-
taires. Classification chronologique des roches éruptives.
Représentation graphique du sol.

18ᵉ Leçon. — Terrain primitif. Division en deux étages.
— Age relatif des roches; répartition géographique. Filons
métallifères. Types du terrain primitif.

19ᵉ Leçon. — *L'Ère primaire*; climat; métamorphisme
des terrains. Période cambrienne; fossiles cambriens. Période
silurienne; faune silurienne. Distribution géographique.

20ᵉ Leçon. — Période dévonienne; faune dévonienne.
Massif ardennais. Massif armoricain. Gisements ardoisiers
de l'Ardenne, de l'Anjou, du pays de Galles. Procédés
d'exploitation.

21ᵉ Leçon. — Types divers de terrains de transition;
en Bohême; en Scandinavie; dans les Iles Britanniques.

22ᵉ Leçon. — Période carbonifère. Caractères distinctifs;
faune carbonifère; flore carbonifère. Division du système
carbonifère en étages. Étage anthracifère; Bas-Boulonnais:
Roannais; Vosges. Étage houiller; répartition géographique:
bassins houillers de France.

23ᵉ Leçon. — Détails sur les bassins houillers. —
Terrains houillers du Nord et du Pas-de-Calais; constitution
pétrographique; structure; fossiles; accidents de couches et
affaissements de terrain. Bassin de Saint-Étienne : mêmes
détails. Belgique et Grande-Bretagne. Étage permien. Gisements d'Allemagne, de France et de Russie.

24ᵉ Leçon. — *Ère secondaire.* — Période triasique:
Caractères généraux. Trias de Lorraine. Noyau central des
Vosges. Massifs des Maures et de l'Esterel. Types divers
du trias.

25ᵉ Leçon. — Période liasique. Terrain jurassique.

Caractères de la période liasique. Lias de Lorraine, des Ardennes, de Bourgogne. Types divers de lias.

26e Leçon. — Période oolithique. Caractères généraux. Systèmes oolithiques de la France. Massif du Jura ; types divers.

27e Leçon. — Période crétacée. Caractères. Systèmes crétacés du bassin de Paris. Systèmes crétacés de la Charente, de la Dordogne, de la Provence. Types diverses du système crétacé.

28e Leçon. — *Ère tertiaire.* — Généralités. Période éocène. Caractères. Système éocène dans le bassin de Paris. Terrain nummulitique. Types divers. Massif des Pyrennées.

29e Leçon. — Période miocène. Caractères. Systèmes miocènes en France. Miocène lacustre. Formation sidérolithique. Types diverses du système miocène. Période pliocène. Caractères ; types diverses. Terrains volcaniques.

30e Leçon. — *Ère quaternaire.* — Période diluvienne. Période actuelle. Types de terrains quaternaires : Plaine du Rhin ; Nord de la France. Chronologie préhistorique. Homme préhistorique. Tableau synoptique des formations géologiques.

TOPOGRAPHIE

30 leçons.

1ʳᵉ Leçon. — PLANIMÉTRIE. — Mesures directes usitées; mesures en terrain horizontal ou incliné; précision des mesures. Mesurage à la règle, à la chaine. Réduction à l'horizon.

2ᵉ Leçon. — Instruments pour la mesure indirecte des distances. Lunette. Théorie de la *stadia*. Autres instruments diastimométriques.

3ᵉ Leçon. — *Mesure des angles.* — Équerre d'arpenteur. Équerre à miroir. Équerres à prismes; avantages et inconvénients. Instruments goniométriques proprement dits; graphomètre; pantomètre. Construction des angles; insuffisance du rapporteur.

4ᵉ Leçon. — Sextant; principe et usage; vérifications et rectifications; conditions à remplir.

5ᵉ Leçon. — *Arpentage.* — Méthode générale de la planimétrie. Lever du canevas. Lever des détails. Lever au mètre.

6ᵉ Leçon. — Boussole. Principe et usage. Variations de l'aiguille aimantée. Vérifications et rectifications. Levers à la boussole. Discussion et emploi de la boussole.

7ᵉ Leçon. — Planchette. Mise en station. Rectifications des alidades. Précautions à prendre. Solution de quelques problèmes.

8ᵉ Leçon. — ALTIMÉTRIE. — Théorie du nivellement; plan ou surface de comparaison; altitude; niveau moyen de la mer. Erreurs de sphéricité, de réfraction, de niveau apparent. Procédés de nivellement direct.

9ᵉ Leçon. — Instruments de nivellement direct. Niveau

de maçon. Niveau à bulle d'air. Mires. Niveau d'eau. Niveau Burel. Niveau à collimateur.

10e Leçon. — Niveaux à lunettes. Niveau à fiole fixe. Niveau à fiole indépendante. Pratique des niveaux à lunette. Niveau d'Égault. Niveau Bodin.

11e Leçon. — Instruments de nivellement indirect. Éclimètres. Boussoles à éclimètre fixe, rectifiable ou non. Règle à éclimètre. Alidade nivelatrice.

12e Leçon. — Tachéomètre. Description et usage. Rectifications usuelles et vérifications. Divers modes d'emplois.

13e Leçon. — Représentation géométrique du relief du terrain. Canevas de nivellement. Nivellement de détail. Lever des sections horizontales par la méthode des profils ; par la méthode de la chaîne traînante et de la *stadia*. Interpolations.

14e Leçon. — DESSIN TOPOGRAPHIQUE. — Cartes orométriques. Généralités. Conventions. Figuré du terrain par sections horizontales équidistantes. Teintes conventionnelles. Écritures.

15e Leçon. — Cartes lavées à l'effet. Historique. Principes du modelé. Lavis à lumière directe. Lavis à lumière oblique. Courbes d'égales teintes.

16e Leçon. — Cartes modelées par des hachures. Généralités. Principes géométriques des formes du terrain. Tracé des lignes de plus grande pente. Principes et pratique du figuré au moyen des hachures.

17e Leçon. — MÉTHODE DE LEVERS A GRANDE ÉCHELLE D'UNE ÉTENDUE MOYENNE. — Lever à la boussole. Conditions générales. Organisation du canevas. Choix de l'instrument. Lever des détails. Exécution de la minute. Lever de mines.

18e Leçon. — Lever à la planchette. Conditions générales. Piquetage du canevas. Lever du canevas et des détails. Canevas du nivellement. Nivellement des détails. Achèvement de la minute.

19e Leçon. — Lever au tachéomètre ou à la boussole à

éclimètre. Conditions générales. Organisation du canevas. Tenue du carnet. Construction des cheminements; calcul des cotes. Détermination des sections horizontales. Achèvement de la minute.

20e Leçon. — Lever à l'éclimètre. Lever expédié. Conditions générales. Organisation du canevas. Tenue des carnets. Figuré du terrain. Mise à l'encre et achèvement de la minute. État des lieux. Tracés. Problèmes accessoires

21e Leçon. — LEVERS DE GRANDE ÉTENDUE. — Procédés et instruments. Erreurs à craindre. Marche générale à suivre.

22e Leçon. — Méthodes diverses pour l'exécution du canevas d'ensemble. Triangulation graphique, directe ou indirecte; points trigonométriques. Méthode de la brigade topographique. Méthode du cadastre.

23e Leçon. — Lever d'ensemble. But du travail. Mesure de la base; précautions à prendre. Enregistrement des angles. Nivellement du canevas général et exécution des détails.

24e Leçon. — Levers d'une grande étendue à petite échelle. Lever au 1/40000e de la carte de France. Cartes départementales.

25e Leçon. — Orientation des cartes topographiques. Détermination de la méridienne. Usage de la méridienne pour décliner les boussoles. Reproduction des cartes topographiques.

26e Leçon. — LEVERS APPROCHÉS. — But et conditions générales. Mesure des distances au pas; trochéamètre. Détermination des distances sans les parcourir. Mesure des angles; instruments et procédés de goniométrie approximative : boussoles portatives.

27e Leçon. — Nivellement approché. Clisimètres. Baromètre orométrique de poche. Estimation à vue des pentes et des différences de niveau. Amplitude des erreurs à craindre.

28e Leçon. — Méthodes variées de levers rapides. Canevas et figuré du terrain. Lever d'un terrain inabordable.

Emploi de la chambre claire et de la photographie. Téléico-
nographe. Rédaction de notes et description de terrains.

29e Leçon. — Étude des formes du terrain. Considérations générales; influence de la constitution géologique
et des mouvements de l'écorce terrestre. Formation des
pentes dans les terrains de diverses natures. Vallées de
fracture et vallées d'érosion; méandres des cours d'eau.
Lignes caractéristiques des formes : lignes de faîte; cols;
sommets.

30e Leçon. — Examen de quelques formes spéciales du
terrain. Vallées d'élévation et de soulèvement. Plissements
du Jura : combes; ruz; cluses; nœud confluent. Cratères
d'explosion. Cônes de soulèvement. Cônes de déjection.
Dunes. Glaciers.

MINES ET MÉTALLURGIE

30 leçons.

1re Leçon. — GÉNÉRALITÉS SUR L'EXPLOITATION DES MINES ET DES CARRIÈRES. — Gisements; structure; allures générales; filons et amas. Travaux de recherches; traversée d'un jet. Aménagement d'un gîte.

2e Leçon. — Transmission de la force dans les mines, par l'eau, par la vapeur, par l'électricité. Emploi de l'air comprimé. Installation des compresseurs.

3e Leçon. — Travaux d'excavation. Attaque. Outils perforateurs. Soutènement des excavations. Abatage avec ou sans explosifs.

4e Leçon. — Sondages. Équipage et outillage de sonde. Choix de l'emplacement; plancher de manœuvre. Sondages verticaux, horizontaux ou inclinés. Accidents et sauvetage.

5e Leçon. — Organisation des galeries. Puits, fonçage, soutènement et cuvelage. Percement et soutènement des galeries. Tunnels en terrains résistants ou en terrains ébouleux.

6e Leçon. — Procédés d'exploitation. Exploitation de la houille. Remblais et tassements. Couches minces, moyennes ou puissantes. Tassement des terrains. Épuisements.

7e Leçon. — Exploitations à ciel ouvert. Carrières. Meulières. Ardoisières. Tourbières. Exploitation des salines.

8e Leçon. — Éclairage et aérage des mines. Courants d'aérage. Calcul des ventilateurs. Comparaison des divers systèmes de ventilateurs. Disposition des voies et des portes d'aérage. Éclairages divers; emploi de l'électricité. Lampes de sûreté.

9ᵉ Leçon. — Transport et extraction des produits. Roulage. Plans inclinés. Plans ascendants. Traction par moteurs animés ou par machines. Cages et câbles d'extraction. Appareils d'enroulement. Régularisation ; avertisseurs, signaux.

10ᵉ Leçon. — Préparation mécanique des minerais. Cassage et triage. Classeurs. Criblage. Méthodes de séparation basées sur les différences de densités et de propriétés physiques. Préparation des agglomérés et des agglomérants.

11ᵉ Leçon. — MÉTALLURGIE. — Construction des fours. Roches réfractaires. Argiles réfractaires : essais d'argiles. Briques alumineuses, siliceuses, dolomitiques, etc. Provenance et préparation. Revêtements réfractaires.

12ᵉ Leçon. — Emploi en métallurgie des divers combustibles. Houille ; coke ; bois ; anthracites ; pétroles. Fours à coke. Sous-produits.

13ᵉ Leçon. — Chauffage au gaz. Système Siemens ; Fours Putsch, Ponsard, etc. Construction des fours ; limites d'échauffement.

14ᵉ Leçon. — Souffleries. Ventilateurs ; injecteur et trompe ; compresseurs. Caisses à piston. Soufflets rotatifs. Cylindre soufflant à double effet ; pression et rendement. Systèmes divers de souffleries ; calculs et formules pratiques. Régulation ; indicateurs à graphique.

15ᵉ Leçon. — Étude des divers minerais de fer. Gisements. Résidus. Teneur. État physique. Marchés de minerais. (*Complément des notions, donné dans la 10ᵉ Leçon sur le traitement mécanique des minerais*).

16ᵉ Leçon. — Traitement des minerais au creuset brasque. Fusion des gangues. Fondants. Traitement des minerais dans les fourneaux. Anciens fourneaux. Feux catalans. Hauts-fourneaux.

17ᵉ Leçon. — Fonctionnement des hauts-fourneaux. Influence de la nature du combustible. Descente des charges. Températures. Vitesse du fourneau.

18ᵉ Leçon. — Construction des hauts-fourneaux. Fondations. Tour. Armatures. Plates-formes. Revêtement. Tuyères et garnitures métalliques diverses. Appareils de prise de gaz et de chargement.

19ᵉ Leçon. — Appareils accessoires. Conduites de gaz. Foyers à gaz. Appareils à air chaud. Distribution du vent. Chauffage par récupération.

20ᵉ Leçon. — Conduite des hauts-fourneaux. Dosages et calcul du laitier; essais préalables; lits de fusion. Allures du fourneau; leurs caractères apparents; engorgement. Accidents et réparations. Utilisation et traitement des scories.

21ᵉ Leçon. — Disposition générale des usines. Monte-charges. Emploi des accumulateurs. Chantiers de coulée. Coût d'établissement et prix de revient. Comptabilité courante.

22ᵉ Leçon. — Produits des hauts-fourneaux. Fontes diverses, grises, blanches, etc. (*Rappel et complément des notions données dans la 2ᵉ Leçon du cours sur les organes de machines.*) Propriétés physiques et mécaniques des différentes fontes. Fers malléables. Classification. Influence des divers éléments. Affinage des fontes; épuration et décarburation. Procédés divers.

23ᵉ Leçon. — De l'acier. Constitution et composition chimique. Influence des substances étrangères. Fours à réverbère. Fours à puddler. Puddlage pour fer. Puddlage pour acier. Corroyage.

24ᵉ Leçon. — Affinage pneumatique. Procédé Bessemer; convertisseurs, lingotières. Procédé Thomas; déphosporation. Traitement des lingots au pilon et au laminoir.

25ᵉ Leçon. — Affinage par réaction. Procédé Uchatius. Fusion au cubilot. Acier fondu sur sole. Procédé Martin-Siemens. Four Pernot à sole tournante. Rôle du manganèse. Aciers phosporés. Aciers chromés. Déphosporation sur sole. Fer fondu.

26ᵉ Leçon. — Cémentation. Trousses. Fours à corroyer.

Ressuage. Étirage au martinet et au laminoir. Choix des fers à employer pour cémentation.

27e Leçon. — Confection des moules. Moulage au sable vert, au sable desséché. Moulage en coquille. Châssis. Modèles démontables. Instruments de coulée : poches, chariots. Installation des fonderies.

28e Leçon. — Classification des fers et des tôles. Profils divers. Finissage des fers. Fabrication des fers-blancs. Fabrication des fils de fer et des fils d'acier. Tréfileries. Fabrication des rails et des bandages.

29e Leçon. — Construction des trains de laminoir. Trains réversibles. Laminoirs à blindage. Commande des trains. Considérations générales sur les usines métallurgiques.

30e Leçon. — Métallurgie du cuivre : bronze et laiton. Métallurgie du zinc, de l'étain, du plomb, du nickel.

APPLICATIONS DE LA RÉSISTANCE DES MATÉRIAUX
AUX CONSTRUCTIONS

(MACHINES ET BATIMENTS)

20 leçons.

1re Leçon. — *Considérations générales sur la résistance des matériaux.* Rappel des notions données dans le cours de mécanique rationnelle. Variabilité des taux.

2e Leçon. — APPLICATIONS AUX ÉLÉMENTS DE MACHINES. — Principaux organes des machines qui se calculent d'après la résistance à l'extension. 1° Cylindre soumis à une pression intérieure; générateurs de vapeur et cylindres, cylindre soufflant; corps de pompe, tuyaux de refoulement; accumulateurs. Tuyaux de conduite; effet des coups de béliers; corps de presse hydraulique, etc. 2° Jante de volant. 3° Bras de volant. 4° Canon creux de turbine. 5° Tige de boulon. 6° Organes de communication de mouvement : chaine, courroies, câbles.

3e Leçon. — Principaux organes des machines qui se calculent d'après la résistance à la compression. Pivots et supports. Cylindres soumis à une pression extérieure. Organes soumis à l'extension et à la compression : bielle, tige de piston.

4e Leçon. — Exemple de flexion compliquée d'extension. Encastrements. Principaux organes des machines qui se calculent d'après la résistance à la flexion. Pièces à section rectangulaire encastrées à une extrémité et sollicitées de l'autre par une force perpendiculaire à leur longueur. Bras de roue hydraulique. Bras de volant. Rails; position des éclisses. Balancier. Manivelle. Dent de roue d'engrenage.

5e Leçon. — Pièces à section circulaire encastrées à

une extrémité et sollicitées à l'autre par des forces perpendiculaires à leur longueur. Pièces à section circulaire chargées entre deux appuis. Tourillons. Arbre de roue hydraulique. Arbre à came de marteaux et bocards. Avantage des formes allongées; avantages des pièces creuses.

6e Leçon. — Cisaillement. Principaux organes des machines qui se calculent d'après la résistance au cisaillement. Goujon de chaîne de galle. Chaîne ordinaire. Clavette. Boulon de poulie et de palan. Rivets. Têtes de boulons. Extrémité des solides d'égale résistance.

7e Leçon. — Torsion. Principaux organes des machines qui se calculent d'après la résistance à la torsion. Arbres premiers moteurs en fer, en fonte, pleins, creux, en bois de chêne. Évaluation des moments de torsion. Note sur les unités.

8e Leçon. — Données du projet de machines et instructions diverses. Coefficients de sécurité. Tables pratiques. Calculs rapides et approchés.

9e Leçon. — APPLICATIONS AUX CONSTRUCTIONS DE BATIMENTS. — Considérations complémentaires sur l'élasticité, l'extension et la compression, le cisaillement et la flexion. Résistance des bois. Colonnes en fer ou en fonte, pleines ou creuses. Tableaux graphiques et leur usage. Compression sur les arcs.

10e Leçon. — Méthode Poncelet pour trouver les moments d'inertie. Moments d'inertie des sections les plus usuelles. Maximum de résistance obtenu par la forme des fers en I ou en double I. Répartition des charges.

11e Leçon. — Statique graphique appliquée à la flexion des poutres. Pièces horizontales encastrées, chargées uniformément ou en leur milieu. Pièces horizontales posant librement sur deux points d'appui et chargées.

12e Leçon. — Pièces reposant sur plusieurs points d'appui. Théorème de M. Clapeyron ou des trois moments. Application à une poutre chargée uniformément et appuyée en différents points.

10

13ᵉ Leçon. — Charpente des combles. Fermes en bois. Calcul des dimensions des arbalétriers et des différentes pièces. Arbalétriers avec ou sans contrefiches.

14ᵉ Leçon. — Fermes en fer. Exemples et modèles variés. Fermes à grande portée. Gares. Manèges.

15ᵉ Leçon. — Poutres en treillis à la Town. Poutres armées. Travures des planchers en bois et en fer. Ancres. Supports divers.

16ᵉ Leçon. — Stabilité des murs de soutènement. Poussée des terres. Détermination géométrique de la poussée. Point d'application. Épaisseur des murs au niveau des fondations.

17ᵉ Leçon. — Butée des terres. Cas d'une terrasse; points d'application de la poussée et de la butée. Des murs de revêtement; leurs fondations.

18ᵉ Leçon. — Poussée des voûtes. Division de la voûte en voussoirs élémentaires. Stabilité de la voûte sur ses naissances. Méthode Peaucellier pour la détermination de la poussée.

19ᵉ Leçon. — Instruction sur le projet de bâtiment. Coupes. Devis.

20ᵉ Leçon. — Instruction sur le projet d'usine. Évaluation et répartition du travail. Dégagements. État estimatif et devis détaillé.

TRAVAUX PUBLICS

60 leçons.

VOIES DE COMMUNICATION

1ʳᵉ Leçon. — ROUTES. — Notions historiques. Classification. Influence des pentes, des rampes et des courbes,
de la forme du profil, du mode de construction et de
l'état d'entretien. Tracé des routes en pays de plaines, et en
pays de montagnes.

2ᵉ Leçon. — Marche à suivre dans l'étude du projet.
Représentation du terrain. Profils. Cubature des déblais
et des remblais. Méthode d'évaluation par la moyenne
des aires extrêmes. Calcul des superficies. Tableau des
surfaces. Répartition des déblais et des remblais.

3ᵉ Leçon. — Tracé définitif sur terrain. Courbes de
raccordement. Exécution des terrassements. Exécution des
petits ouvrages d'art.

4ᵉ Leçon. — Construction des chaussées. Chaussées
d'empierrement. Système Trésaguet. Système Mac Adam :
choix des matériaux. Chaussées pavées. Chaussées cimentées
et bitumées. Pavage en bois.

5ᵉ Leçon. — Travaux accessoires des routes. Construction des routes dans les circonstances exceptionnelles.
Entretien des routes. Dégradations et réparations principales.

6ᵉ Leçon. — Instruction sur le projet de route. Marche
à suivre. Tracé de la directrice. Profils en travers. Mise à
l'encre. Couleurs conventionnelles. Méthodes de calculs.
Limites de transports. Corrections. Renseignements divers.

7ᵉ Leçon. — COMMUNICATIONS PAR EAU. — Comparaison des différentes voies de communication et de
transport. Navigation fluviale. Défense des rives. Modifica-

tions à apporter au régime des rivières pour les rendre navigables. Étiage.

8ᵉ Leçon. — Barrages déversoirs. Barrages à parois verticales. Barrages à longs glacis. Barrages à hausses mobiles.

9ᵉ Leçon. — Digues de réservoir, en terre, en terre et maçonnerie, en maçonnerie. Digues d'inondation. Batardeau.

10ᵉ Leçon. — Écluses à sas. Biefs. Bajoyers. Buses; chardonnet. Moyens de remplir et de vider le sas. Portes d'écluse. Ventelles. Écluses à sas en rivière.

11ᵉ Leçon. — Canaux de navigation à un versant. Canaux à point de partage. Conditions essentielles d'un point de partage. Quantité d'eau nécessaire à la navigation par écluses ordinaires, par écluses accolées. Écluses à réservoir. Sas double. Profil d'un canal de navigation.

12ᵉ Leçon. — Plans inclinés. Canal de l'Oberland (Prusse). Plan de Black-Ill. Élévateurs à sas mobile; élévateur des Fontinettes, etc.

13ᵉ Leçon. — Barrages éclusés. Écluses de chasse. Portes tournantes. Réservoirs éclusés. Ponts éclusés.

14ᵉ Leçon. — MOUVEMENTS DE TERRE. — Déblais; brouette; tombereau; camion; wagon; chemin de fer Decauville; bateaux. Transports en rampe. Transports verticaux. Plans inclinés automoteurs. Organisation des chantiers. Consolidation des talus.

15ᵉ Leçon. — Grands remblais. Grandes tranchées. Canal de Suez. Canal de la Mersey. Souterrains; percement des souterrains; grands tunnels des Alpes. Tunnels sous la Tamise, sous la Mersey, sous la Severn. Projet de tunnel sous la Manche.

16ᵉ Leçon. — *Des Ponts.* But et emplacement des ponts; débouché à laisser à la rivière; écartement des supports. Ponts en pierre. Forme des arches. Profil de la voûte. Épaisseur des culées, des piles. Construction des ponts. Cintres, fixes, mobiles. Ponts de service. Parapet. Trottoir. Chaussée. Raccordement des rives.

17ᵉ Leçon. — Ponts formés de poutres droites. Ponts en bois; palées, travées. Brise-glace. Ponts américains. Ponts métalliques droits; usage des courbes de moments. Distribution des tôles dans les tables horizontales.

18ᵉ Leçon. — Ponts en arcs, en bois, en métal. Pont du Firth of Forth. Comparaison entre les divers ponts métalliques. Ponts-canaux.

19ᵉ Leçon. — Ponts de bateaux; mise en place des supports; ancrage; tablier. Calcul des poids. Ponts de chevalets. Pont de pilotis. Ponts de radeaux, de tonneaux.

20ᵉ Leçon. — Ponts sans supports intermédiaires. Ponts de cordages. Ponts sur chaînettes. Ponts suspendus; mise en place. Pont de Brooklyn. Détails pratiques sur les ponts suspendus.

21ᵉ Leçon. — Moyens accessoires de franchir les cours d'eau sur des corps flottants. Pont volant. Traille. Bacs. Passerelles. Passages à gué.

22ᵉ Leçon. — Réparation des ponts. Réparation des ponts de pilotis. Moyens employés pour les réparations des ponts permanents rompus : poutres en travers; contre-fiches; fermes diverses. Chevalets sur pile rompue. Réparation des ponts de chemin de fer. Emploi des rails.

23ᵉ Leçon. — Ponts levis en général (*Complément de la 16ᵉ Leçon du Cours de mécanique*). Conditions qu'ils doivent remplir. Pont levis à flèche. Pont levis à bascule en dessous. Pont levis à contrepoids variable. Tabliers de pont levis.

24ᵉ Leçon. — TRAVAUX A LA MER. — Marées; établissement du port. Courants. Vents. Vagues. Régime des côtes. Matériaux dans l'eau de mer. Ports de mer. Rades. Bassins à flot. Écluses.

25ᵉ Leçon. — Dragages. Chasses. Retenue. Môles : fondations en pierres perdues, en béton; détails d'exécution. Môle de Cherbourg. Jetées de Boulogne.

CHEMINS DE FER

26ᵉ Leçon. — VOIE. — Puissance de transport des chemins de fer et conditions générales de leur établissement. Éléments de leur puissance. Points faibles. Effets des rampes et des courbes *(complément des notions données en 2ᵉ année dans la 29ᵉ leçon du Cours sur les organes de machines)*. Ancien et nouveau réseau. Police des chemins de fer. Chemins de fer d'intérêt local ; chemins industriels.

27ᵉ Leçon. — Profil transversal de la voie. Voie en remblai ; voie en tranchée ; voies étroites. Profil intérieur des ouvrages d'art. Gabarit. Rails ; divers modèles de rails ; rails à champignon, à patin ; avantages et inconvénients. Rails en fer ; rails en acier. Profil du bandage.

28ᵉ Leçon. — Mode d'attache des rails sur les traverses. Coussinets. Tirefonds. Crampon. Rail Vignole. Entraînement et moyens de le combattre. Plaques ou sellettes de joints. Consolidation des joints. Résistance des éclisses ; éclisse cornière. .

29ᵉ Leçon. — *Supports.* Voies sur dés. Traverses en bois ; essences ; antiseptiques ; durée des traverses. Espacement des traverses et longeur des rails. Sabotage. Jauge.

30ᵉ Leçon. — Voies entièrement métalliques. Plateaux coussinets ; voie du Caire. Traverses en fer. Voies reposant directement sur le ballast. Voie Hartwich. Ballast ; gravier ; pierre cassée ; produits artificiels.

81ᵉ Leçon. — Voie en courbe. Libre parcours. Valeur de la conicité et du jeu en alignement droit ; élargissement de la voie en courbes. Dévers. Raccordement des courbes et des alignements. Raccordement des déclivités.

32ᵉ Leçon. — Pose et ensablement de la voie. Tracé de la voie. Pose sur terre. Raccordement des surécartements. Relèvements successifs de la voie posée sur terre. Dressement de la voie. Réparations ultérieures.

33ᵉ Leçon. — *Points spéciaux de la voie.* Passages à

niveau., Traversées rectangulaires, obliques. Croisement. Traversée proprement dite. Plans de pose. Traversées à niveaux différents; gare de La Chapelle.

34ᵉ Leçon. — Changement de voie. Changement à contre-rails mobiles. Changement à rails mobiles. Changement à aiguilles; course des aiguilles. Changements des diverses compagnies. Plan de pose et installation des changements.

35ᵉ Leçon. — Détails de construction des croisements, des traversées et des aiguillages. Plan d'ensemble du croisement.Traversées d'assemblages. Aiguillages.Taquet d'arrêt mobile. Heurtoirs fixes.

36ᵉ Leçon. — Plaques tournantes. Croisillon. Cuve. Pivot et crapaudine; galets. Chariots de service. Manœuvre des plaques et des chariots; plaques équilibrées.

37ᵉ Leçon. — *Gares.* Voies d'évitement et voies de garage. Graphique. Chemins à une ou deux voies. Notation des voies. Garage par refoulement et garage direct. Voie tiroir.

38ᵉ Leçon. — Gares de grande puissance. Remise des voitures. Accessoires de services. Gares à marchandises; manœuvres. Gares exceptionnelles. Gares superposées. Appareils de levage. Remisage des locomotives. Fosse à piquer. Service de l'eau. Grue hydraulique.

39ᵉ Leçon. — *Signaux.* — Signaux optiques. Signaux acoustiques. Signaux du code officiel français; signaux mobiles; signaux fixes. Signaux de train.

40ᵉ Leçon. — Signaux autres que ceux du code officiel. Cloches électriques. Appareils avertisseurs. Signaux de manœuvre dans les gares. Appareils Tyer. Signaux de bifurcation. Block-System. Intercommunication. Signaux employés à l'étranger.

41ᵉ Leçon. — *Matériel roulant.* — Calage des essieux. Exemples de matériel rigide. Matériel provisoire du Mont-Cenis. Articulation Bissel. Matériel américain.

42ᵉ Leçon. — Bandages. Mentonnel. Conicité. Position des roues sous la caisse. Application de la charge sur les fusées. Nombre et écartement des essieux. Chassis ; chassis métallique. Ressorts de suspension ; ressorts formés d'une seule lame ; ressorts à feuilles étagées. Menottes. Double suspension.

43ᵉ Leçon. — Boîtes à graisse et à huile : dépense. Plaques de garde ; jeu longitudinal. Essieux ; rupture d'essieux. — *Roues.* Roues en fer et à rais ; roues Arbel et Deflassieux. Roues pleines à disques. Roues en fonte. Roues en acier fondu. Embattage. Fixage du bandage.

44ᵉ Leçon. — Attelages. Tendeur à vis. Appareils de choc et de traction. Chaînes de sûreté. Ressorts des voitures de voyageurs. Tampons. Mouvement de lacet. Difficulté au démarrage.

45ᵉ Leçon. — *Freins.* — Frein à coussinets ; fonctionnement des sabots ; freins agissant par frottement de glissement ; freins par frottement de roulement. Freins continus. Frein Westinghouse à air comprimé, automatique ou non automatique. Frein modérable : frein Wenger. Frein contenu à vide : frein Smith ; frein Clayton. Frein à vide automatique. Frein électrique.

46ᵉ Leçon. — Résistance au tirage. Rappel des expériences et formules de Coulomb. Résistance des trains : résistance en palier ; résistance spéciale en rampe ; résistance spéciale en courbes.

47ᵉ Leçon. — *Locomotive.* — Chaudière. Corps cylindriques. Boîtes à fumée. Cheminée. Grille. Jette-feu. Tubes ; tamponnage des tubes. Prise de vapeur. Régulateurs. Appareils de sûreté : bouchon fusible. Disposition relative des appareils.

48ᵉ Leçon. — Alimentation. Injecteur. Consommation. Appareil de marche à contre-vapeur. Coulisse.

49ᵉ Leçon. — Train de la voiture. Chassis. Plaques de garde. Boîtes à huile. Coussinets. Suspension. Essieux. Roues. Bandages.

50ᵉ Leçon. — Tenders ; leur capacité. Prix d'achat et dépense d'entretien des machines. Conditions de marche ;

théorie. Adhérence. Patinage. Démarrage. Valeur moyenne de l'adhérence. Marche à contre-vapeur. Formules pratiques.

51e Leçon. — Classification des locomotives. Machines à grande vitesse, à petite vitesse, à moyenne vitesse. Machines à fortes rampes. Machines à marchandises. Force des locomotives en chevaux. Rendement des locomotives.

52e Leçon. — Types divers de locomotives; diagrammes. Caractères particuliers.

53e Leçon. — Accouplement. Répartition de la charge sur les essieux. Balanciers longitudinaux. Balanciers transversaux. Causes qui font varier pendant la marche la répartition du poids entre les essieux. Perturbations.

54e Leçon. — Locomotives au point de vue des courbes. Suppression des mentonnets; inconvénients. Jeu longitudinal des essieux. Systèmes à convergence mais à adhérence incomplète. Train Bissel. Machine Bavaria. Machine Engerth. Transmission de la rotation entre deux groupes d'essieux convergents.

55e Leçon. — Des moyens de gravir les rampes. Nombre d'essieux accouplés. Double traction. Machines-tenders. Exemples divers. Adhérence indépendante du poids. Système Fell, à voie, à crémaillère. Traction par machines fixes; plans automoteurs de la Croix-Rousse, d'Ofen, etc.... Système Agudio.

56e Leçon. — *Exploitation technique*. Chargement. Livret de marche. Croisements. Trains spéciaux. Primes de combustible et de graissage. Comparaison du régime français et des régimes étrangers. Concessions.

57e Leçon. — Organisation des compagnies. Conventions diverses. Formation du capital. Organisation des services. Administration centrale. Administrations diverses : voie; matériel; traction. Économat. Service commercial. Télégraphie. Personnel.

58e Leçon. — Contrôle de l'État. Police des chemins de fer. Accidents. Parcours moyen; calcul du matériel nécessaire. Prix de revient kilométrique. Tarif. Projet de constitution et de marche pour un train dans des conditions données.

59e Leçon. — Détails complémentaires sur l'aménagement des voitures. Garnitures. Sièges. Fermeture des portes. Signaux d'alarme. Wagons à bestiaux. Transports militaires. Service des chemins de fer en temps de guerre.

60e Leçon. — Tracés exceptionnels. Mont-Cenis, Semmering, Brenner, Saint-Gothard, Arlberg. Chemin de fer de La Mure. Projet de traversée des Pyrénées. Chemin de fer transcaspien. Abords des places de guerre. Transports dans les grands centres habités. Métropolitains. Tramways. Chemins de fer de circonstance. Matériel Decauville.

En ce qui concerne les Cours de Morale religieuse, d'Économie sociale et de Droit, les élèves de 3e année ont à faire des travaux de rédaction et des rapports oraux sur des questions qui leur sont indiquées.

ANNÉE PRÉPARATOIRE

—◦◄✕►◦—

Les Cours de l'année préparatoire comprennent, outre l'enseignement religieux, l'étude des Mathématiques, de la Physique et de la Chimie, conformément au programme du baccalauréat ès sciences. Il y a, de plus, par semaine, une leçon d'Histoire et une leçon de Littérature.

RÉPARTITION DES COURS
entre les trois années d'étude.

NATURE DES COURS	NOMBRE DE SÉANCES PAR COURS			
	1re année.	Cours commun aux élèves des 2 années.	2e année.	3e année. candidats ingénieurs.
Morale religieuse et droit naturel.	»	80	»	»
Économie sociale.	»	60	»	»
Droit.	»	80	»	»
Compléments de mathématiques élémentaires.	60	»	»	»
Éléments d'analyse.	»	»	22	»
Cinématique.	»	»	20	»
Mécanique rationnelle	»	»	»	45
Physique générale.	60 (1)	»	»	»
Machines à vapeur.	»	30	»	»
Électricité	»	20 (1)	»	»
Chimie minérale	»	60	»	»
Id. organique.	»	60 (2)	»	»
Commerce et comptabilité.	»	»	45	»
Géographie commerciale.	»	30	»	»
Histoire naturelle appliquée à l'industrie. . .	»	30	»	»
Principes d'architecture et de construction. .	»	60	»	»
Industries d'un intérêt général.	»	60	»	»
Filature.	»	»	30	»
Outillage et organes de machines.	»	»	30	»
Histoire du travail.	»	30	»	»
Littérature	»	30	»	»
Hygiène industrielle.	»	10	»	»
Langues (anglais et allemand).	»	120	»	»
Géométrie descriptive.	80	»	»	»
Leçons orales sur le dessin industriel. . . .	15	»	15	15
Pratique du dessin industriel.	90	»	90	90
Manipulations de physique.	»	20	»	»
Travaux pratiques de chimie industrielle. . .	»	60	»	»
Chimie analytique.	»	»	»	30
Géologie appliquée à l'industrie.	»	»	»	30
Topographie.	»	»	»	30
Mines et métallurgie.	»	»	»	30
Applications de la résistance des matériaux. .	»	»	»	20
Travaux publics.	»	»	»	60
Levers de plans, de machines et de bâtiments.	»	»	»	100
Projets de machines d'usine et de bâtiment. .	»	»	»	100

(1) Compris quelques séances de travaux pratiques.

(2) Le Cours comprend 75 leçons mais qui sont réduites à 60 chaque année en variant les sujets suivant les industries auxquelles les élèves se destinent spécialement.

VISITES D'USINES & VOYAGES INDUSTRIELS

....

Établissements visités de 1886 à 1890.

....

Les visites ont lieu, autant que possible, une fois par semaine, et les voyages se font chaque année, à la fin des cours, pendant une durée de trois semaines environ (1).

———————

Apprêteurs . .	ALLARD frères, à Lyon.
Ateliers . .	de bijouterie JOHN BRAGG, à Birmingham.
Id.	de construction du chemin de fer du Nord, à Hellemmes.
Id.	Id. de la Compagnie de Fives-Lille.
Id.	Id. de PLATT, à Oldham (Angleterre).
Id.	Id. de Maschinenbau Action Gesellschaft, à Prague.
Id.	Id. RINGHOFFER, à Smikow (Bohême).
Id.	Id. Sæchsische Maschinenfabrick, à Chemnitz (Saxe).
Id.	de dessinateur pour esquisses : DELCROS, à St-Etienne.
Id.	de dorure et d'argenture : ELKINGTON, à Birmingham.
Id.	de gravure pour rouleaux d'impression : CARLIER, à Daville près Rouen.
Id.	Id. Dinting près Manchester (Angleterre).
Carrières . .	d'ardoises des Ardennes.
Id.	de ciment de Fourvoirie.
Id.	de granit d'Oberstein (Prusse rhénane).
Id.	à marbres de la Sarthe.
Caves . . .	POMMERY, à Reims.
Cristallerie .	RIEDL et KELLNER, à Carlsbad.
Distilleries .	BERNARD, à Courrières.
Id.	BRABANT, à Asq.
Id.	BROSCHE, à Vysočan (Bohême).
Id.	de Fourvoirie (Grande-Chartreuse).
Id.	LESAFFRE et BONDUELLE, à Marquette.

——————

(1) Ces voyages sont le sujet de rapports faits par les élèves.

Etablissements d'enseignement : Ecole professionnelle La Salle, à Lyon.
    id.   Ecole des mineurs de Saint-Etienne.
    id.   Ecole de tissage de Sedan.
    id.   Eidgenœssischen Polytechnikums de Zurich.
    id.   Collège d'Oscott (Angleterre).
    id.   Facultés catholiques de Lyon.
    id.   Institut industriel d'Amiens.
    id.   Institut professionnel de Liège.
    id.   Politechnikum d'Aix-la-Chapelle.
    id.   Politechnischen Verein de Prague.
    id.   St Bede 's college de Manchester.
    id.   Technical School   id.

Expositions industrielles : d'Anvers (internationale).
    id.   de Bruxelles (grand concours).
    id.   de Glascow.
    id.   du Hâvre.
    id.   de Londres (italienne et danoise).
    id.   de Paris (internationale).

Fabriques d'aiguilles BEISSEL, à Aix-la-Chapelle.
    id.   id.   de KERBY et BEARDI, à Birmingham.
    id.   d'appareils électriques JASPARD, à Liège.
    id.   de ciments FAMCHON et Cie, à Boulogne-sur-Mer.
    id.   id.   VICAT et Cie, aux Saillants (Isère).
    id.   d'épingles de Stolberg (Prusse rhénane).
    id.   d'étoffes imprimées KETTINGEN (rouenneries), à
                   Eauplet.
    id.   id.   POTTER, à Dinting (Angleterre).
    id.   id.   de Smikow-Prague (Bohême).
    id.   de guipure de Calais.
    id.   id.   de Vezikon (Suisse).
    id.   de plumes métalliques BLANZY-POURRE, à Boulogne.
    id.   id.   GILOTT, à Birmingham.
    id.   de poteries et briques de Montceau-les-Mines.
    id.   de produits chimiques KUHLMANN, à La Madeleine-
                   lez-Lille.
    id.   id.   id.   à Loos.
    id.   id.   de Stolberg (Allemagne).
    id.   de sucre BERNARD, à Santes.
    id.   id. LEFORT, à Bauvin.

Filatures . . AGACHE fils (id.), à Pérenchies.
    id.   BAILLEUX   (id.), à Lille.
    id.   BOUTEMY   (id.), à Lannoy.
    id.   CRÉPY (Léon) (coton), à Lambersart.

Filatures . . DELCOURT (lin), à Wazemmes.
id.   FALTIS   (id.), à Trautenau (Bohême).
id.   FERRIER (laines), à Roubaix.
id.   FLIPO   (coton), à Tourcoing.
id.   GARNETT (id.), à Clitherhoe (Angleterre).
id.   GUILLOU (id.), à Rouen.
id.   HARMEL (laines), au Val-des-Bois.
id.   HOFFAMANN et UBRICO VOLLENWEIDER (soie), à
           Zurich.
id.   KLUGE (lin), à Trautenau.
id.   LE BLAN J. (lin et coton), à Lille.
id.   LE BLAN P. (lin), à Lille.
id.   LOEUFFER (coton), à Annecy.
id.   LOYER   (id.), à Lille.
id.   D'OLDHAM (id.), (Angleterre).
id.   POUYER-QUERTIER (*La Foudre*) (coton), à Rouen.
id.   RICHTER et Cie (coton), à Prague.
id.   THIRIEZ   (id.), à Loos.
Filteries . . ROGEZ (H.), à Lille.
id.   VRAU (Ph.), à Lille.
Fonderies . . de la Vieille-Montagne (zinc), près Liège.
id.   WARGNY (cuivre), à Lille.
Forges et aciéries : COKERILL, à Seraing (Belgique).
id.   d'Isberghes (Pas-de-Calais).
id.   de la Marine, à Saint-Chamond.
id.   du Nord et de l'Est, à Trith-Saint-Léger.
id.   chantiers de la Méditerranée au Havre.
id.   DEFLASSIEUX, à Rive-de-Gier.
id.   EINSENWERTH GESELLSCHAFT, à Kladno (Bohême).
id.   MAREL frères, à Rive-de-Gier.
id.   SCHNEIDER et Cie, au Creusot.
id.   DE WENDEL, à Stiring (Alsace-Lorraine).
Ganterie . . GIRAUD, à Grenoble.
Grands services publics : Cours de justice, de Londres.
id.   Hôtel des postes   id.
id.   Parlement d'Angleterre.
id.   Visite au Primat d'Angleterre.
Grands travaux publics : Ascenseur des Fontinettes.
id.   Barrage de la Gileppe.
id.   Canal maritime de Manchester.
id.   Chemin de fer de la Mure.
id.   Etablissements hydrauliques, de Bellegarde.
id.   Pont du Firth of Forth (Ecosse).

Grands travaux publics : Port en eau profonde de Boulogne.

   id.   Tunnel de l'Arlberg.

   id.   Tunnel de Liverpool.

Industrie lapidaire d'Oberstein (Prusse rhénane).

Manufacture d'armes : Conservatoire de l'arme fine, de St-Etienne.

  id. id. CLAIR frères, à Saint-Etienne.

  id. id. GREENER, à Birmingham.

  id. id. de Liège.

  id. de faïences et porcelaine : BLOCH (sidérolithes), à Eischwald

            (Bohême).

  id. id. de Chodañ (Bohême).

  id. id. de GACHTER, à Nevers.

  id. id. MONTAGNON frères, à Nevers.

  id. id. royale de Saxe, à Meissein.

Mégisserie. . . ROUVEURE, à Annonay.

Mines. . . . d'Anzin (charbons).

  id. de Blanzy (id.), à Montceau-lez-Mines.

  id. de Mariaschein (id.) (Bohême).

  id. de Stolberg (minerais) (Prusse rhénane).

Musées. . . céramique de Nevers.

  id. commercial de Lille.

  id. historique d'Eger (Bohême).

  id. industriel d'Amiens.

  id. · id. de Lille.

  id. national de Londres.

  id. Pinakothek de Munich.

  id. of royal service institution de Londres.

  id. royal de Dresde.

  id. Westminster-abbaye de Londres.

OEuvres ouvrières : Cités ouvrières de Dresde.

  id. id. de Mulhouse.

  id. C. cles d'ouvriers de Lille.

  id. id. de Mulhouse.

Papeteries. . CANSON et MONTGOLFIER, d'Annonay.

  id. DAMBRICOURT, à Vizernes.

  id. DUCREST et LAFUMA, à Voiron.

  id. GUÉRIMAND,   id.

Peignages de laine : OFFERMAN, à Leipzig.

  id. MOTTE (Alfred), à Roubaix.

  id. PROUVOST (Amédée), (id.).

  id. VINCHON et Cie, (id.).

Savonnerie. . MAUBERT, à Lille.

Teintureries. DELCOURT, à Lambersart.

Teintureries.	DESCATS, à Saint-Roch (Somme).
id.	GILLET, à Lyon.
id.	PARENT, à La Madeleine-lez-Lille.
id.	WALLON (teinturerie et gauffrage), à Rouen.
Tissages. . .	BEGASSE (lainages), à Liège.
id.	BONNIER (draps), à Vienne.
id.	BOUVIER (id.), id.
id.	CARDON-MASSON et FAUVERGUE (toiles), à Armentières.
id.	CHATEL et TASSINARI (velours de Gênes et brochés), à Lyon.
id.	CHAVAND (velours en deux pièces), Lyon et Vienne.
id.	CLEMENT-FLAVIGNY (draps), à Elbeuf.
id.	COLCOMBET (rubans et soieries), à Saint-Dizier-la-Séauve.
id.	DUFOUR (toiles), à Armentières.
id.	DURSTELLER (soieries), à Unterwezikon (Suisse).
id.	DUTILLEUL (toiles), à Armentières.
id.	FLIPO-BOUCHARD (étoffes d'ameublement), à Tourcoing.
id.	FROMAGE (tissus élastiques, bretelles, etc.), à Darnetal.
id.	GERY et BIET (ramie), à Voiron.
id.	GIRON (rubans), à Saint-Etienne.
id.	GOCQUET (velours de coton), à Amiens.
id.	GRENOT-BUCHET (cotonnades), à Roanne.
id.	LAURENT-PITIOT (passementerie), à Lyon.
id.	LECLERCQ (étoffes d'ameublement), à Tourcoing.
id.	MAHIEU-BECQUET (tapisserie), id.
id.	MALON (passementerie), à Saint-Etienne.
id.	MARTIN (velours en deux et quatre pièces, et peluches), à Tarare.
id.	MOTTE (Alfred) (velours), à Roubaix.
id.	PELLETIER (draps), à Elbeuf.
id.	PERRET (couvertures), à Roanne.
id.	POCHOY et Cie (soieries), à Voiron.
id.	ROCHAS (id.), id.
id.	Société anonyme de Pérenchies (tissus de lin).
id.	TIBERGHIEN frères (lainages), à Tourcoing.
id.	TRUMEAU (draps), à Vienne.
id.	VIAL, VILLARD et CASTELBOU (toiles), à Voiron.
Verreries . .	BADOIS, à Saint-Galmier.
id.	RENARD, à Fresnes.
id.	de Tepliz (Bohême).
id.	SIEMENS à Neusattel (Bohême).

TABLE DES MATIÈRES

	Pages.
Préface.	5
Organisation de l'École	9
Programme des cours.	13
Morale religieuse et droit naturel.	15
Économie sociale.	24
Droit.	29
Compléments de mathématiques.	36
Éléments d'analyse.	38
Cinématique et mécanismes.	40
Mécanique rationnelle.	42
Physique générale.	46
Machines à vapeur.	48
Électricité.	50
Chimie minérale	52
Chimie organique.	59
Commerce et comptabilité.	68
Géographie commerciale.	72
Histoire naturelle appliquée à l'industrie.	74
Principes d'architecture et de construction	89
Technologie. — Industries d'un intérêt général (imprimerie, gravure, céramique, fabrication du papier, etc.).	97
Teinture.	99
Tissage.	101

Filature. 104

Outillage et organes des machines. 107

Histoire du travail. 112

Littérature. 115

Hygiène industrielle. 116

Cours de langues. 117

Géométrie descriptive. 118

Dessin industriel (leçons orales). . . . 121

       id.   (leçons pratiques). . . . 124

Manipulations de physique. 126

Travaux pratiques de chimie industrielle . . . 127

Chimie analytique (théorie et travaux pratiques) . . 130

Géologie et minéralogie appliquées à l'art de l'ingénieur. 132

Topographie. 136

Mines et métallurgie. 140

Applications de la résistance des matériaux à la construction des machines et des bâtiments. . . 144

Travaux publics (routes, mouvements de terre, etc.) . 147

Chemins de fer. 150

Cours de l'année préparatoire. 153

Répartition des cours entre les années d'études. . . 156

Visites d'usines et voyages industriels (établissements visités). 157

— Lille. Typ. J. Lefort. 1891 —

www.ingramcontent.com/pod-product-compliance
Lightning Source LLC
Chambersburg PA
CBHW050125210326
41519CB00015BA/4113